AIGC

互联网产品
设计实践

赵懿　罗慧◎著

清华大学出版社

北京

内 容 简 介

全书共 6 章。第 1 章 "初识 AIGC",帮助读者构建坚实的基础,迅速掌握 AIGC 的基本概念、技术原理及发展趋势。第 2 章 "Midjourney 出图要素解析",深入剖析 Midjourney 的核心功能与操作技巧,从而精准控制输出效果,满足出图需求。第 3 ~ 6 章为实践部分,覆盖互联网产品设计的多个领域,包括 UI 设计、运营设计、B 端设计,并介绍常用辅助工具,帮助读者找到适合自己的方法与技巧,使设计工作富有创意且更加高效。

本书适用于互联网行业的设计师、产品经理、营销人员,以及对 AIGC 设计应用感兴趣的读者,也适合作为高校相关专业的教材和辅导用书。

图书在版编目(CIP)数据

AIGC 互联网产品设计实践 / 赵懿 , 罗慧著 . -- 北京:
清华大学出版社 , 2025. 2. -- ISBN 978-7-302-67995-0

Ⅰ. TB472-39

中国国家版本馆 CIP 数据核字第 2025KP3904 号

责任编辑:杜 杨
封面设计:杨玉兰
版式设计:方加青
责任校对:徐俊伟
责任印制:宋 林

出版发行:清华大学出版社
   网   址:https://www.tup.com.cn,https://www.wqxuetang.com
   地   址:北京清华大学学研大厦 A 座   邮   编:100084
   社 总 机:010-83470000   邮   购:010-62786544
   投稿与读者服务:010-62776969,c-service@tup.tsinghua.edu.cn
   质 量 反 馈:010-62772015,zhiliang@tup.tsinghua.edu.cn
印 装 者:北京博海升彩色印刷有限公司
经 销:全国新华书店
开 本:188mm×260mm   印 张:19.5   字 数:553 千字
版 次:2025 年 2 月第 1 版   印 次:2025 年 2 月第 1 次印刷
定 价:119.00 元

产品编号:103225-01

前 言

在数字化浪潮席卷各行各业的今天，人工智能生成内容（AI Generated Content，AIGC）正以前所未有的速度改变着创意世界。作为互联网产品设计的未来趋势，AIGC 与 AI 绘画代表了技术和创意的深度融合，打破了传统创作的局限和束缚，为创作者提供了更广阔的创作空间和可能性。

我们将从第 1 章"初识 AIGC"开始构建坚实的基础，迅速掌握 AIGC 的基本概念、技术原理及发展趋势。随后，通过第 2 章"Midjourney 出图要素解析"，深入剖析 Midjourney 的核心功能与操作技巧，掌握生成图像的关键要素，从而能够精准地控制输出效果，满足出图需求。

进入实践部分，我们精心准备了四章——"AIGC 设计实践——UI 设计""AIGC 设计实践——运营设计""AIGC 设计实践——B 端设计"及"AIGC 设计实践——辅助工具"，覆盖互联网产品设计的多个领域。无论你是专注于提升产品体验的 UI 设计师，还是擅长打造活动效果的视觉设计师，抑或是深耕 B 端市场的专业设计师，都能在其中找到适合自己的实践案例与技巧分享，使设计工作富有创意且更加高效。

通过本书的学习，你将掌握如何利用 AIGC 来加速设计流程、提升设计质量，并在日益激烈的市场竞争中脱颖而出。同时，本书还提供了丰富的辅助资源（请扫描下方二维码查看），帮助读者更好地整合 AI 技术与设计实践，实现创意与技术的完美融合。本书不仅是一份翔实的教程，更是一把解锁 AIGC 无限潜能的钥匙。让我们携手并进，在 AIGC 的浪潮中勇往直前，共同开创互联网产品设计的新篇章！

最后对北京印刷学院新媒体学院罗慧副教授带领的研究生团队成员李梦慧、郭瑞萍、王鑫欣、张森淼表示感谢，他们参与了第 3 章、第 4 章和第 5 章的编写；并感谢北京印刷学院新媒体学院研究生孟弘栎参与第 6 章编写的贡献。

本书为国家级一流本科专业建设点北京印刷学院数字媒体艺术专业"互联网产品设计概论"及"创意视觉设计"课程指定教材。

扫码下载
本书资源

作者

2024 年 12 月

目　录

第1章 初识AIGC

1.1 什么是AIGC

1.1.1 AIGC简介

AIGC全称为Artificial Intelligence Generated Content，表示人工智能生成内容。那么AIGC与更广义的人工智能（AI）之间有哪些区别和联系呢？

人工智能（AI）是一门广泛的学科，致力于研究如何使计算机系统胜任一些通常需要人类智能才能完成的复杂任务。它包含了多个子领域和技术，比如机器学习（Machine Learning）、自然语言处理（Natural Language Processing）、计算机视觉（Computer Vision）等。这些技术共同构成了一个庞大的体系，旨在让计算机具备理解、学习、推理、解决问题、感知环境等能力。AI的应用场景极其丰富，涵盖了医疗诊断、自动驾驶、智能家居、金融分析等多个行业。

AIGC作为AI的一个具体应用方向，专注于模仿人类的创造力和表达力来生成各种形式的内容，包括但不限于文本生成（撰写新闻报道、小说章节、诗歌、剧本等）、图像生成（创作画作、设计图案、生成照片级的人物或风景图像）、音频生成（创作音乐曲目、合成语音、生成音效）、视频生成（制作动画、合成视频片段、生成电影特效）。常用的软件工具如下图所示。

AIGC利用的是AI中的深度学习算法，特别是生成模型（如GANs、VAEs、Transformer等），这些模型经过大量数据训练后，能够捕捉到内容的潜在模式和结构，进而创造出新颖且富有创意的作品。AIGC的出现，不仅极大地丰富了内容创作的方式，还促进了艺术与科技的深度融合。

总的来说，AIGC代表了AI技术在内容生成领域的突破性进展，体现了AI在模仿人类创造力方面的巨大潜力，同时也促使我们重新审视对于"创造力"这一概念的认知。在过去，创造力往往被视为一种高度依赖人类情感、经验和直觉的能力，而这些特质长久以来被认为是只能执行分析性和重复性任务的机器难以复制的。然而，随着深度学习和神经网络技术的发展，AI已经能够生成令人印象深刻的原创内容，从图像到文本，再到音乐和视频，AI正以前所未有的方式参与其中。

随着AIGC技术的不断成熟，我们能看到更多由AI驱动的创新内容涌现，进一步塑造未来的创意产业。

1.1.2 AIGC与AI绘画

AIGC与AI绘画之间存在着紧密的联系，AIGC为AI绘画提供了理论基础和技术支持，而AI绘画则是AIGC在图形和计算领域的一个重要应用分支。

AIGC通过为AI绘画提供了丰富的人工智能算法和计算资源等技术，使得AI绘画系统能够不断学习和优化，从而生成更加逼真、生动的艺术作品。其次，AIGC为AI绘画提供了广泛的应用场景，如数字艺术、游戏开发、虚拟现实等。在这些领域中，AI绘画不仅能够模仿艺术家风格生成相似的图像，还能创作出全新艺术风格的作品，为广大用户提供无限的创意灵感和实验空间。

随着技术的不断进步和应用场景的不断拓展，AIGC与AI绘画的融合将更加深入和广泛。

表达形式的拓宽：AIGC技术，特别是AI绘画，能够创造出超越传统艺术手法的独特视觉效果。通过算法和模型的学习，AI能够模拟甚至创造出各种绘画风格、色彩搭配和构图方式，为创作者和用户提供全新的视觉体验。这种创新不仅丰富了艺术的多样性，也推动了艺术形式的不断演进。

创作效率的提升：AI绘画工具能够迅速生成大量高质量的作品，极大地提高了创作效率。创作者可以将更多精力投入到创意构思和作品深化上，不被烦琐的绘画过程困扰。这种高效性让创作者能够不断深入探索新的创意。

1.1.3　AIGC未来展望

AIGC作为一项相对较新的技术，已经在内容创作领域展现出了巨大的潜力和变革力。随着人工智能技术的不断进步，AIGC的未来充满了无限可能，其能力和应用将得到进一步增强和扩展。

以下是未来AIGC一些潜在的发展方向。

技术融合与创新：AIGC将与其他先进技术如自然语言处理、计算机视觉、深度学习等深度融合，实现更加精准、高效的内容生成。这些技术的结合将推动AIGC在创意构思、内容表达、情感传递等方面达到新的高度。

个性化与定制化：随着大数据和算法的不断优化，AIGC将能够更精准地理解用户需求，生成更加个性化、定制化的内容。无论是文字、图像、音频还是视频，AIGC都将能够根据用户的兴趣、偏好和行为习惯，提供独一无二的内容体验。

多模态内容生成：未来的AIGC将不再局限于单一模态的内容生成，而是能够实现跨模态的内容创作。例如，通过输入文字描述，AIGC可以同时生成对应的图像、音频和视频，实现多感官的全方位内容体验。这种多模态的内容生成将极大地丰富内容的表现形式和传播渠道。

自动化与智能化流程：AIGC将进一步优化内容创作的流程，实现更加自动化和智能化的生产。从创意构思、内容生成到后期编辑、分发推广，整个流程都将由AIGC主导或辅助完成，极大地提高内容创作的效率和质量。

随着AIGC技术的不断发展和应用范围的扩大，它将对内容创作的未来产生重大影响。其中最重要的就是对就业的潜在影响，因为AIGC可能会取代一些从事内容创作的工作者，同样AIGC也可能在数据分析、算法开发和内容策划等领域创造新的就业机会。总之，AIGC拥有巨大的潜力来改变内容创作的格局。随着技术的不断发展，AIGC可能会变得更加复杂，扩大其应用范围并改变我们创作和消费内容的方式。我们鼓励读者随时了解AIGC的发展情况，并考虑其对自身行业带来的影响。

了解完AIGC相关的内容后，现在我们将注意力转向本书重点介绍的一个AI工具：Midjourney。在接下来的内容中，将介绍这个工具的工作原理、技术基础以及对内容创作领域的影响。

1.2　探索Midjourney

1.2.1　Midjourney简介

Midjourney是一款基于AI的图像生成工具，根据用户输入的文字描述，生成与之相匹配的高质量图像。Midjourney自2022年推出以来，凭借其强大的AI生成技术快速生成了各种风格和主题的图像，在艺术、广告、建筑等多个领域得到了广泛应用，极大地提高了创意工作的效率和多样性。

其中，《太空歌剧院》的获奖将Midjourney推向了公众视野的中心，使其成为AI绘画领域的明星产品。这幅作品由游戏设计师杰森·艾伦（Jason Allen）使用Midjourney生成，并经过Photoshop润色调整，在美国科罗拉多州举办的艺术博览会中获得了数字艺术奖项类的一等奖，其精美和逼真的程度令人震撼。

《太空歌剧院》

这幅作品的成功不仅展示了AI在艺术创作方面的潜力，也让Midjourney这类AI绘画工具开始在全世界范围内受到广泛关注。

1.2.2　Midjourney的工作原理

Midjourney融合了大型语言模型（Large Language Models）和扩散模型（Diffusion Models）的技术优势，通过两者的相互配合实现从文字到图像的创造性转化。当用户输入一个文本提示时，大型语言模型首先发挥作用，将输入的文本分解成一系列有意义的单元，如单词和短语，并将其编码为向量。随后，扩散模型接手处理这些向量信息并创建一个随机的噪声图像，再通过"去噪"的方式逐步扩散出与文本提示相匹配的清晰的图像。这一过程涉及复杂的迭代优化，每一步都旨在减少图像与提示之间的差异。

例如，如果输入文本提示"一个机器人坐在草地上（A robot sitting on the grass）"，Midjourney会从随机的噪声图像开始，利用训练的AI模型减去噪声，逐步生成一组与文本提示相符的图像。

提示示例　A robot sitting on the grass　一个机器人坐在草地上

此外，Midjourney在生成图像时不仅会关注字面意义上的匹配，还会尝试捕捉文本提示中隐含的情感、风格和氛围，确保最终生成的作品既与文本提示相符合，又富有创造性和表现力。整个工作流程展现了语言理解和图像生成之间精妙的协同作用，是AI技术在创意领域应用的优秀示例。

1.2.3　使用Midjourney的优势

Midjourney正在从多个层面重塑创意产业，通过将文本提示转换为高质量的图像，从而显著提高生产力并广泛应用于不同行业。以下是使用Midjourney的主要优势。

1. 加速创意过程

Midjourney可以迅速将概念转化为视觉图像，大大缩短了从想法到成品的时间，让设计师能够快速迭代并优化设计方案。我个人在日常工作中经常将Midjourney作为头脑风暴工具，它允许我从一个模糊的概念出发，快速测试并迭代出多种效果。Midjourney能够根据文本描述生成出乎意料的图像，这些图像有时候会激发新的想法，引导我们探索未曾考虑过的创意方向。

例如，为一款智能手表设计不同的界面，最开始可能只有初步的想法：手表界面应该具有未来感，能够显示心率、步数等基本信息。基于这些想法，这时就可以使用Midjourney来进行头脑风暴。首先，将初步的想法进行整理得到文本描述：一款未来风格的智能手表界面，展示心率和步数，颜色方案为蓝色和银色（A futuristic smartwatch interface showing heart rate and steps, with a blue and silver color scheme）。

在Midjourney中输入文本描述，就能快速生成手表界面的示例，这些界面包括不同的排版布局、图标效果、设计细节等，效果如下图所示。

生成图像的过程中，如果发现某些方面需要改进，还可以基于第一次生成的结果进行灵活迭代调整。例如，还想在界面中添加一个天气图标来显示天气状态，这时可以对之前的文本描述进行微调，添加一段新的描述：使用简洁的天气图标，反映当前的天气状况（Use simple weather icons, reflect current weather conditions）。

再次使用Midjourney生成图像，经过多次迭代后，手表界面能够非常接近最初的设想，效果如下图所示。

使用Midjourney这样的图像生成工具，在不需要手绘设计草图的情况下，就能快速得到多个版本的设计效果图。这极大地节省了时间和资源，同时也能让我们从更多角度探索创意的可能性，从而提高最终设计的质量和创新性。这种方法特别适合那些需要快速迭代和可视化反馈的工作流程，如产品设计、广告创意、游戏开发等。

2. 提高创作效率

Midjourney能够快速响应设计需求，生成大量的设计方案。这一过程远比传统的人工设计来得快，极大地缩短了从概念到成品的时间。与传统的绘画或设计方法（如手绘、使用Photoshop或Illustrator等图形设计软件）相比，Midjourney能够在极短的时间内生成多种风格的高质量图像，显著降低人力和时间等成本，使更多企业和个人创作者也能负担得起专业级的视觉内容。

例如，一本科幻小说需要手绘、复古漫画、线描等多种风格的封面设计效果图，如果使用传统的方法，需要专业的设计师经过多次讨论、使用多种工具、进行多次草图和修改，才能得到满意的结果，整个过程可能需要数周时间，且成本较高。如果借助Midjourney，只需输入书名、主题和对应的风格描述词，就能在短时间内生成多种风格的封面设计效果。

先以手绘风格的书籍封面为例，首先输入与书籍主题、封面风格相关的描述，完整的文本描述为：书籍封面设计，书籍名称"智能"，科幻小说，太空飞船，神秘，手绘风格（Book cover design, book title "Intelligence", science fiction, spaceship, mystery, Hand-drawn style）。

将文本描述导入Midjourney中进行出图，系统就能在几分钟内生成多张符合主题的手绘风格的封面效果图，如下图所示。

在此基础上，将文本描述中的手绘风格（Hand-drawn style）替换为复古漫画风格（Retro comic style），就能快速生成复古漫画风格的书籍封面效果图，如下图所示。

同样的方法，将手绘风格（Hand-drawn style）替换为线描风格（Line drawing style），能快速生成线描风格的书籍封面效果图，如下图所示。

通过Midjourney的快速反应能力和大规模生成高质量图像的能力，我们能立即看到多种风格的封面设计效果图，而且所有的出图操作都在极短的时间内完成，大大节省了时间成本。这样的创作方式改变了从概念到成品的传统设计路径，能为更多人提供接触高质量视觉内容的机会，同时也极大地提升了创作效率和灵活性。

3. 激发创意灵感

Midjourney作为AI图像生成工具，能够将抽象的想法转化为具体、可视化的图像，从而帮助用户在视觉层面上理解和拓展他们的灵感创意。例如，尝试将两个或多个看似无关的概念结合在一起，这种跨领域的融合往往能激发出独特而有趣的创意点子。例如，让我们考虑这样一个场景，结合"自然"与"科技"这两个概念。自然通常与绿色植被、动物、山水等元素相关联，而科技则常常被描绘为机器人、机械等。如果想将这两个概念融合在一张图像中，前期的创意构思可以为一个机器人的身体由各种植物组成，躯干是一棵橡树，手臂是藤蔓，头部是一朵向日葵。

根据前期的创意构思，整理得到的文本描述为：一个机器人，躯干是一棵橡树，手臂是藤蔓，头部是向日葵，未来感、科技感（A robot, an oak tree torso, vine arms, a sunflower head, future, technology）。

在Midjourney中输入文本描述，就能快速生成"自然"与"科技"这两个概念结合的图像，效果如下图所示。这样的创意融合不仅在视觉上极具冲击力，提供了一种独特的美学体验，同时也传递出一种自然与科技共生共存的关系。

可以尝试将不同的领域、风格或概念混合在一起，看看Midjourney如何将它们融合成一个和谐的整体，并创造出新颖独特的图像。这种跨界融合的能力在创意产业中尤为宝贵，可能会产生令人惊喜的结果，从而创造出前所未有的作品。

在应用方面，国内越来越多的互联网公司都将Midjourney作为提高设计生产力的实用工具，使用它来探索设计灵感和生成各种设计素材，用于海报、详情页、角色形象、3D场景等多种设计场景中。天猫App的大促会场设计就是一个很好的例子，通过使用Midjourney来辅助生成更多设计提案，提升创意提案的丰富度，节约反复提案确认的时间和新方案的推出成本。设计师团队通过针对性地进行多个场景的尝试，建立起AIGC工作流，从而实现创意视觉更高效的输出。

总之，将Midjourney融入创作几乎能够提供无限的设计可能性。以人工智能为核心，Midjourney通过学习海量数据和优秀设计案例，在短时间内输出高质量的设计作品，从而提升产品的视觉效果。在全球范围内，越来越多的品牌和设计师开始将Midjourney融入其创作流程中，借助Midjourney强大的功能来不断拓展创意的边界，以输出更优质的设计成果。

1.3 Midjourney使用准备

1.3.1 注册流程

Midjourney 是一个构建在 Discord 平台上的服务，依托Discord平台来完成图片生成和其他相关功能。那么，Discord 是什么呢？Discord 是一个集语音、文字和视频通信功能为一体的聊天和社区平台，常被用于游戏社区、教育群组、项目团队协作等场景。

由于 Midjourney 没有独立的客户端，因此需要使用Discord为其提供一个集成的环境，使用户可以更方便地使用Midjourney的各种功能。因此，想要使用 Midjourney，首先需要注册一个 Discord 账号，具体的注册流程如下：

（1）打开浏览器，前往 Discord 官方网站（www.discord.com），单击网站首页右上角的"登录"按钮进入登录/注册页面；

（2）按照要求填写注册信息，包括电子邮箱、用户名、密码和出生日期等；

（3）提交注册信息后，Discord 会向注册邮箱的地址发送一封验证邮件。从邮箱中找到 Discord 发来的邮件，单击"Verify Email"按钮，新注册的Discord账号就成功激活了；

（4）账号注册完成后，回到登录/注册页面，输入邮箱和密码来登录Discord，首次登录时还需要输入手机号码来验证Discord账户，在输入手机号码时注意要选择"+86"区号。手机号验证通过后，账号注册流程就全部完成，可以进入到Discord内部了。登录验证过程如右图所示。

在使用Discord时，既可以通过浏览器使用网页版，也可以下载桌面端或移动端应用，在手机、平板或电脑等多种设备上使用。

① 打开Discord官网

② 填写注册信息   ③ 验证账号信息

④ 注册完成，登录进入Discord

1.3.2 创建专属服务器

进入Discord后，单击左侧导航栏中的绿色指南针图标进入公开的服务器，在这里能看到Discord中各式各样的社区群组。其中排在第一的就是Midjourney，单击卡片进入后，页面顶部会有出现"加入Midjourney"的提示按钮，单击按钮即可加入社区。

接下来我们创建专属于自己的服务器。单击左侧导航栏中的"添加服务器"按钮，在弹窗中选择"亲自创建"，下一步选择"仅供我和我的朋友使用"，下一步继续完善头像（非必填）和服务器名称信息，最后单击"创建"按钮后，一个专属的服务器就创建完成了，创建流程如下图所示。

单击创建服务器   服务器创建完成

服务器创建完成后，在左侧的导航栏中就能看到一个带有头像的专属服务器，如果想让某个服务器看起来更明显，建议在创建服务器的时候选择一个醒目的头像，这样后面使用起来也更方便。

1.3.3 添加Midjourney机器人

有了专属服务器之后，还需要将Midjourney机器人（Midjourney Bot）添加到服务器中，这样才能进行出图操作：

（1）选中左侧导航栏中的Midjourney图标，单击选择任意一个新手房间；

（2）选择房间后，页面顶部右上角区域会出现"成员列表"图标，单击这个图标；

（3）在成员列表中找到Midjourney机器人选项；

（4）单击Midjourney机器人选项后会出现一个弹窗，弹窗的上方有一个"添加App"按钮。

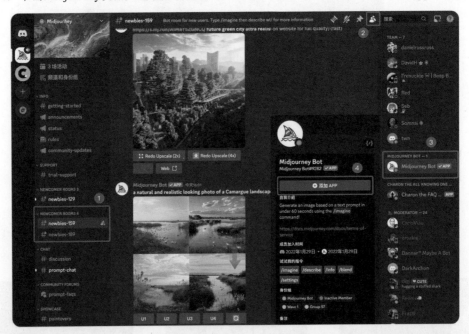

单击"添加App"按钮，进入到具体的添加流程。在添加弹窗中，下拉选择将Midjourney机器人添加至我们新创建的服务器中；单击"继续"按钮，这时会触发权限授予的页面；单击"授权"按钮，进入到验证环节。验证通过后会有一个验证成功的信息，提示我们Midjourney已添加至专属服务器中。添加流程如下图所示。

最后切换到新创建的服务器中，当我们在服务器中看到"Midjourney Bot！"这条提示信息后，说明机器人已经添加完成，如下图所示。

至此，Midjourney前期的使用准备工作就全部完成了，通过这个专属的服务器可以体验出图功能。从下一节开始，我们将具体讲解如何使用Midjourney进行出图操作。

1.4　生成第一张图

我们与Midjourney的交互方式为对话式，在对话框中输入"/"，会触发包含多种指令的列表菜单，根据需要先选择不同的指令再进行出图操作。基本的出图流程包括：①输入描述词；②生成图像；③图像选择与编辑；④保存图像。

在接下来的内容中，将展开讲解出图流程中的一些关键操作。

1.4.1　输入描述词

在对话框中输入并选择/imagine指令，在prompt对话框内输入想要生成的图像描述词。这里要注意，描述词要保持在prompt对话框内，否则会被视为无效。在对话框内输入准备好的描述词：a cute robot walking in a city（一个可爱的机器人走在城市中）。

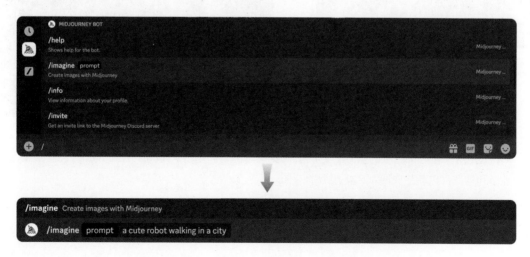

1.4.2 生成图像

输入完成后按Enter键，Midjourney会根据输入的文本描述生成图像。对于每个描述，Midjourney都会生成一组四张图像，每组图像下方会有两行共九个按钮。在讲解这些按钮功能前，先将生成的四张图按照从左至右、从上至下的顺序进行排序，如下图所示。

这九个按钮分为三类：U型按钮、V型按钮、重置按钮。其中U型按钮和V型按钮都带有数字，按钮上的数字分别对应上图中的四个图像顺序。因此，单击带有某个数字的按钮，就会与这个数字对应的图像产生交互。

U型按钮

U型按钮具有放大图像的用途，通过单击对应的U型按钮，可获取更高分辨率的图像。例如，单击U1按钮时，对应的第一张图会被放大。在图像放大的基础上，再通过下方的按钮，还可以进行后续的图像编辑操作。

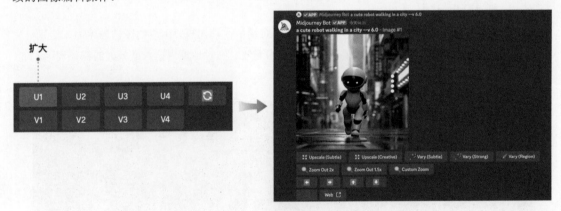

V型按钮

V型按钮用来在每组图像的基础上再次生成变体。例如，单击V1按钮，Midjourney会基于第一张图的风格和构图，重新生成四张风格接近的新图。

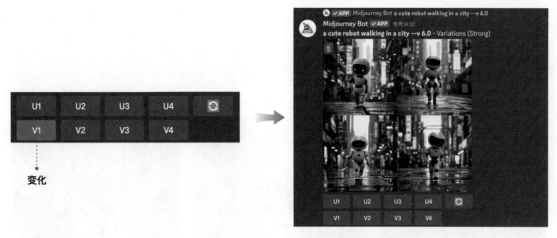

重置按钮

如果对当前生成的四张图像效果不满意，那么单击重置按钮，Midjourney会重新为我们生成4张新图。

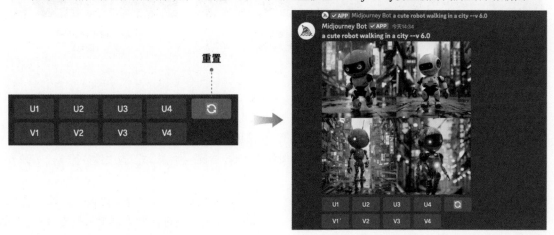

1.4.3　图像选择与编辑

出图过程中，如果觉得某张图像的效果不错，则可以单击对应的U型按钮查看放大后的高清效果图。上文提到图像放大后，下方会出现一些新的操作按钮，可以进行后续的编辑操作，下面将逐一介绍这些操作按钮的具体用法。这些操作按钮分为五类，分别为Upscale（放大）按钮、Vary（变化）按钮、Zoom（缩放）按钮、扩展按钮和其他按钮。

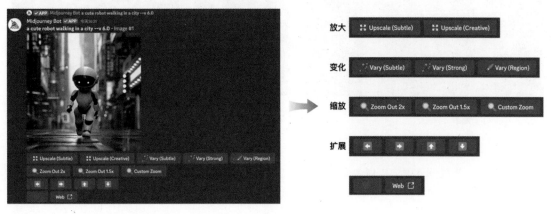

Upscale按钮

Upscale按钮主要用来放大图像的清晰度，单击Upscale（Subtle）和Upscale（Creative）按钮都能将图片尺寸进行放大。其中，Upscale（Subtle）在保留原图的基础上提升了分辨率，Upscale（Creative）不仅提供了高分辨率，而且对部分细节进行了优化。如下图所示，经过Upscale（Creative）操作后的机器人图像，在头盔反光、身体结构上相较原图都发生了变化。

原图　　　　　　　　　Upscale(Subtle)　　　　　　　　Upscale(Creative)
　　　　　　　　　　　放大（细微）　　　　　　　　　放大（创意）

Vary按钮

Vary按钮允许用户调整或改变生成的图片，以创建不同的变体。具体来说，Vary（Subtle）和Vary（Strong）代表两种不同强度的变化模式：

Vary（Subtle）表示对图像进行细微的调整，新生成的图片与原图的变化差异极小，仅在细节处做变化，例如颜色的轻微变化、细节的增减或是视角的微调。当希望保持原图的主体特征，仅对细节进行微调时，可以使用Vary（Subtle）模式。

Vary（Strong）表示对图像进行显著的变化，新生成的图片与原图的变化很大。除了整体画面内容未有大变动外，画面的构图、风格或者所包含的元素等都可能发生较大的改变。当希望得到与原图差异比较明显的新图片时，可以使用Vary（Strong）模式。两种模式对比效果如下图所示。

原图　　　　　　　　　Vary (Subtle)　　　　　　　　Vary (Strong)
　　　　　　　　　　　变化（细微）　　　　　　　　变化（强烈）

除了 Vary（Subtle）和 Vary（Strong）之外，还有一个Vary（Region）按钮。Vary（Region）即变化区域，允许用户选择并重新生成图像的特定区域，而不改变整体图像的其他部分。这个功能特别适用于对图像的局部区域进行修改、新增或抹除，以更符合用户要求。

例如想对机器人的头部进行改变，改成戴着VR眼镜的效果，具体操作步骤如下：

（1）单击 Vary（Region）按钮弹出局部重绘界面；

（2）单击左下角的手绘或矩形选择工具，选择想要重绘的图像区域，例如选择机器人的头部区域。如果想修改已框选好的区域，可以单击"撤销"按钮（左上角的圆形箭头）清除选取再重新选择。这里需要注意选择区域的大小将影响最终的生成效果，Midjourney官方建议在整个图片面积的20%～50%的范围内使用Vary（Region）能达到最佳效果。

（3）选定了重绘区域后，在对话框中输入想要重绘的描述词"Wearing VR glasses（戴着VR眼镜）"。描述词修改完成后单击"提交"按钮，等待Midjourney生成新的图像效果。操作界面如下图所示。

局部重绘后的图像效果如下图所示，从图中能看到，只有机器人的头部区域变成了戴着VR眼镜的效果，画面中没有选择到的区域，例如机器人的动作姿势、画面背景等都保持不变。

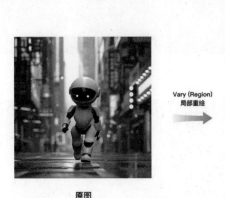

原图

Vary（Region）
局部重绘

Zoom按钮

Zoom Out 2x、Zoom Out 1.5x和 Custom Zoom 是三种不同的缩放和调整图片的功能，以下是具体的含义：

Zoom Out 2x表示将图片放大两倍。当单击"Zoom Out 2x"，原画面经过AI处理后，镜头被拉远，原画面中心内容被缩小的同时周围内容进行智能填充。

Zoom Out 1.5x表示将图片放大1.5倍，实现效果与 Zoom Out 2x 类似，但放大的程度略小于两倍。如果需要进一步放大，可以多次单击此按钮，每次单击都会在上一次的基础上再放大。两种放大效果如下图所示。

原图   Zoom Out 1.5x   Zoom Out 2x
               放大1.5倍   放大2倍

    Custom Zoom 表示自定义缩放，允许用户更灵活地调整图片的缩放比例和参数。单击"Custom Zoom"按钮后弹出一个窗口，其中包含描述词以及一个zoom参数。如果只想调整图像的尺寸而不改变其缩放比例，可以将zoom参数值设置为1，再添加表示长宽比的参数"ar"，例如--ar 16:9（第2章有ar参数的具体用法）。这样一个1:1方形图像就变成了一个16:9的横构图图像，效果如下图所示。

Custom Zoom
自定义缩放

扩展按钮

    扩展按钮支持沿着箭头方向（上、下、左或右）扩展图像的尺寸，并且不会改变原始图像的内容。例如单击向右按钮，正方形的图像会向右横向扩展出新的内容，新的内容会和原图的内容无缝衔接，看起来非常自然。扩展过程中图像的比例会因此而改变，但原图中的内容不会受到影响。

在向右扩展的基础上，再单击向左按钮，图片的宽度能够继续扩展，效果如下图所示。

图像扩展的次数没有限制。但是在经过多次扩展（12次左右）后，生成的图像可能会因为变得太大而无法在 Discord 中展示。这种情况下会收到一个链接，告诉用户可以在浏览器中继续查看放大的图像，从而克服 Discord 的展示限制。

其他按钮

爱心按钮：对生成的图像进行标记，方便在 Midjourney 图库（http://Midjourney.com）中轻松找到这些图像。

Web按钮：单击跳转到 Midjourney 图库中，查看生成好的图像。

1.4.4　保存图像

当我们对生成的图像效果满意后，可以选择导出和保存。具体步骤是单击生成好的图像，再单击图像下方的"在浏览器中打开"，跳转到浏览器中查看，鼠标右键选择"图片存储为"选项，图像即可保存到本地。

第2章 | Midjourney出图要素解析

为了更好地掌握出图方法，这里将Midjourney的对话框进行解构分析，便于清楚理解出图的逻辑和方法。Midjourney的对话框共分为三部分，最前面的是指令（commands）部分，中间为描述词（prompt）部分，最后为参数（parameter）部分，如下图所示。

这种结构设计有助于用户清晰、有序地组织输入，以便AI更好地理解和生成符合要求的图像。接下来将分别介绍指令、描述词和参数三部分的含义和用法，让大家对Midjourney的出图要素和出图原理有一个清晰的认识，为下一步的设计实践做好铺垫。

2.1　常用指令解析

指令（commands）通过斜杠"/"唤起，用户通过输入不同的指令来与Midjourney互动，以实现特定的功能，比如生成图像、调整设置、查看信息等。截至v6.1版本，Midjourney共提供了29种指令。为了能更好地掌握这些指令的使用方法，这里将其归纳为三大类：图像生成指令、偏好设置指令、系统辅助指令。接下来就按照这个分类，展开讲解这些指令的用法。

2.1.1　图像生成指令

1. /imagine 绘图

/imagine指令是Midjourney中最核心且使用最频繁的指令，用于触发AI生成图像的功能。用户可以通过/imagine指令输入一段文本描述，AI将根据这段描述逐步生成清晰的图像。

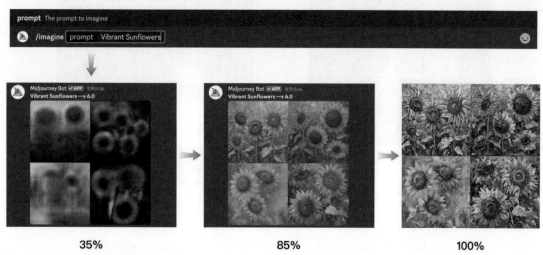

2. /blend 图像混合

/blend指令是一种高级图像生成功能，允许用户上传2～5张图片，并将其混合成一张新的、独特的图像，因此也叫融图指令。融图的过程不仅仅是简单的叠加，而是通过AI算法分析各个图片的内容、颜色、纹理等特征，创造出既保留原始图片元素又能展现出新颖视觉效果的合成图像。如下图所示，上传小猫和机器人图像，最后会融合得到机器猫效果的新图像。

3. /describe 描述

/describe指令允许用户上传一张图像，AI系统会基于这张图像生成四条文本描述（prompts）。通过观察AI如何理解和描述不同的图像，用户可以学习如何更有效且合理地进行文本描述，从而生成更满意的图像效果。如下图所示，将一张参考图像通过/describe上传到Midjourney中，系统会基于参考图生成四条长短不一的文本描述。

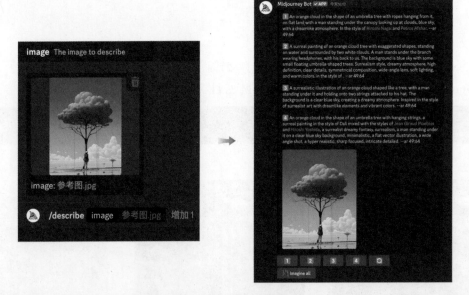

从生成的文本描述中选择比较符合参考图特点的一条描述，这里选择第三条描述：A surrealistic illustration of an orange cloud shaped like a tree, with a man standing under it and holding onto two strings attached to his hat. The background is a clear blue sky, creating a dreamy atmosphere. Inspired in the style of surrealist art with dreamlike elements and vibrant colors --ar 49:64（一幅超现实主义插画，描绘了一朵形状像树的橙色云，一名男子站在云下，手握着帽子上的两根绳子。背景是湛蓝的天空，营造出梦幻般的氛围。灵感来自超现实主义艺术风格，带有梦幻般的元素和鲜艳的色彩，图像比例——49:64）。

单击该描述对应的数字3按钮或者使用/imagine指令输入这段描述，都能进行出图操作。从下图中能看到，生成的新图像在色彩、构图、风格等方面都和原图很相似。

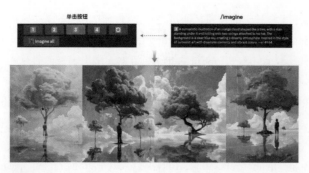

4. /shorten 简化描述词

/shorten指令用来帮助用户优化他们的图像描述（prompts），使之更加精炼和高效。优化过程中会去除一些无关紧要的冗余词汇，最终得到一个包含关键信息的更加精简和有效的文字描述。这个命令特别适用于那些希望减少描述词的数量，同时保持关键信息和创意效果的出图场景。

例如，想生成一个以"太空"为主题的图像，整理得到的描述为：

一个机器人宇航员在太空中漂浮，头盔映照着银河系的繁星。宇航服上有很多的装饰。宇宙飞船滑行而过，发动机在发光。整个银河系在机器人面前展开，这是非常美丽的景色，鲜艳的色彩，丰富的细节，超现实主义（A robot astronaut floats in space, helmet reflecting the stars of the Milky Way galaxy. There are many decorations on the spacesuit. The spaceship glided past, its engine flashing. The entire Milky Way galaxy unfolds in front of robots, creating a beautiful scenery with vibrant colors, rich details, and surrealism）。

将这段中文描述翻译为英文描述复制到Midjourney中，先使用/imagine指令进行出图，生成的图像如下图右侧所示，生成的效果与描述词相符合。再使用/shorten指令将长的描述词进行简化，简化后描述词中的一些关键描述被加粗，不重要的描述被删除，最后得到五条精简的文本描述：

1. robot astronaut floats in space, helmet reflecting the stars of the Milky Way, many decorations on the spacesuit The spaceship, past, its, beautiful, surrealism.

2. robot astronaut floats, helmet reflecting the stars of the Milky Way, many decorations on the spacesuit, past, its, surrealism.

3. robot astronaut floats, helmet reflecting, Milky Way, decorations on the spacesuit, its, surrealism.

4. robot astronaut reflecting, decorations on the spacesuit its, surrealism.

5. robot astronaut, its, surrealism.

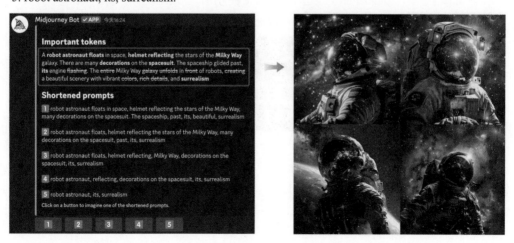

分别单击每条简化描述词对应的按钮，即可进行出图操作。这里以简化后的前三条描述词为例：

1. robot astronaut floats in space, helmet reflecting the stars of the Milky Way, many decorations on the spacesuit The spaceship, past, its, beautiful, surrealism（机器人宇航员漂浮在太空中，头盔反射银河系的星星，宇航服上的许多装饰，宇宙飞船，过去，美丽，超现实主义）。

2. robot astronaut floats, helmet reflecting the stars of the Milky Way, many decorations on the spacesuit, past, its, surrealism（机器人宇航员漂浮，头盔反射银河系的星星，宇航服上的许多装饰，过去，超现实主义）。

3. robot astronaut floats, helmet reflecting, Milky Way, decorations on the spacesuit, its, surrealism（机器人宇航员漂浮，头盔反射，银河系，宇航服上的装饰，超现实主义）。

分别单击数字1、数字2、数字3按钮，三条简化描述词生成的图像效果如下图所示。

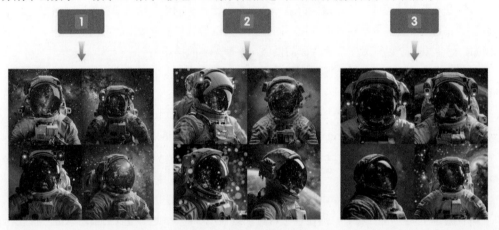

通过前后生成的图像能发现，无论是使用原始描述词还是使用简化后的描述词，最终生成的图像效果是相似的。因此原始描述中的很多内容对于出图来说是非必要的，在文本描述过程中我们需要重点关注相对重要的内容，对于一些次要的内容可以选择性地简化或删减，以此得到更加精简、准确的描述词。

2.1.2 偏好设置指令

1. /settings 设置

选择/settings指令后，Midjourney会发送一个设置面板给用户，如下图所示。这个面板中提供了对多个设置项的访问，包括模型版本、图像质量、生成速度和隐私设置等。下面是对/settings指令的介绍。

1）版本切换

Midjourney Model分为V1、V2、V3、V4、V5.0、V5.1、V5.2、V6等版本，模型版本控制着图像生成的基础算法，数字越高的版本意味着更精细、更写实的图像输出效果。Niji Model是针对二次元风格设计的模型，分为V4、V5、V6，适合生成动漫风格的图像。同样的描述内容在不同的模型下生成的图像效果会存在一定的差异。

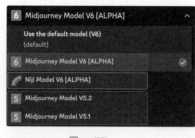

☐ MJ 模型　　　　　　　　　　　　　　☐ Niji 模型

2）RAW Mode

RAW Mode代表样式原始模式，适用于V5.1、V5.2、V6和Niji6模型。设置开启后将减少Midjourney的"美化"处理，能生成更符合实际描述的图像效果。当只想为单张图片指定按原始模式生成时，仅需在提示词后加上"--style raw"，无需改变全局设定即可生效，生成效果如下图所示。

ice cream icon　　　　　　　　　　ice cream icon --style raw

3）Stylize

Stylize按键表示风格化设置，通过选择不同的Stylize参数可以控制Midjourney的风格化程度，分为Stylize low、Stylize med、Stylize high、Stylize very high四种不同的设置。参数越高，生成图像的风格化和艺术化效果越强，参数越低，图像效果则更符合提示词描述的内容（详见2.3节常用参数解析）。

弱　　　　　　　　　风格化/艺术化效果　　　　　　　　强

4）Public Mode

系统默认是公开模式（Public Mode），用户可以设置图像生成过程和结果是否对外公开。目前只有付费的Pro用户可以将出图模式设置为隐私模式（Stealth Mode），这样生成的图像不会出现在公共社区中，只有自己能看到。

5）Remix Mode

混音模式（Remix Mode）可以在已生成的图像基础上进行描述词、参数、模型版本等内容的调整。在Remix模式下，单击"Variation"按钮，会弹出一个对话框。输入提示后，模型会生成一张保留原始图像结构但根据提示中提到的内容改变主题的图像。例如下图中，在原图的基础上输入描述"一堆卡通猫头鹰（pile of cartoon owls）"，生成的新图像会受到原图的影响，图像的构图与原图的构图很相似。

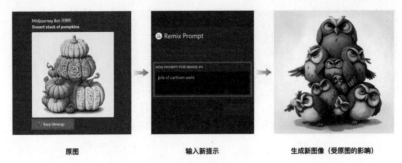

原图　　　　　　　　　　输入新提示　　　　　　生成新图像（受原图的影响）

除了改变主体内容外，还可以通过Remix模式来改变图像的模型、风格、变化程度等效果，快速生成多种创意风格的新图像，变化效果如下图所示。

模型变化　　　　　　　　　　风格变化　　　　　　　　　　中等变化

6）High Variation Mode / Low Variation Mode

High Variation Mode（高变化模式）和Low Variation Mode（低变化模式）代表生成图像不同变体的变化效果，其中系统默认是高变化模式。

上一章提到单击V型按钮可以在每组图片的基础上再次生成变体，其中生成的变体图像效果就受到变化模式的控制。选择高变化模式会生成变化更强烈的图像变体，选择低变化模式则会生成和原图比较相似的图像变体。

例如，将描述词"一个可爱的机器人拿着花（a cute robot holding flowers）"输入到Midjourney中进行出图，生成并放大后的图像效果如下图左侧所示。在这张图像的基础上，分别使用低变化模式、高变化模式两种不同的效果，变化后的图像效果如下图右侧所示。对比来看，低变化模式生成的图像中机器人的造型与原图的差别很小，而高变化模式生成的机器人形状较原图有较大的变化。

原图　　　　　　Low Variation Mode（低变化模式）　　　High Variation Mode（高变化模式）

7）速度

Turbo Mode表示会员加速出图模式，Fast Mode表示快速出图模式，Relax Mode表示放松出图模式。在这三者中，会员加速模式的出图速度最快，快速模式次之，放松模式出图速度最慢。

8）重置

Reset Setting表示重置，可以一键恢复到默认设置状态。

2. /prefer 自定义首选项

/prefer指令用来创建自定义的快捷选项，类似iPhone中的快捷指令功能，通过预设一些常用的参数来简化输入描述词的过程，提高出图效率。

1）prefer suffix 预设后缀

/prefer suffix指令主要用于添加固定的后缀。当需要在一段时间内反复添加一样的后缀时，可以使用/prefer suffix指令来简化操作，省去每次添加后缀的步骤，在提高创作效率的同时还能保持生成图像的一致性。

例如，想创作一系列以"印象派油画风格"为主题的图像，采用2:1的图像尺寸，整理得到的预设后缀为"oil painting, impressionist style, impressionistic technique --ar 2:1"。在对话框中输入/prefer suffix，选择new-value，然后在后面的输入框中输入整理好的后缀并按Enter键，系统会返回后缀添加成功的消息，提示效果如下图所示。

后缀添加成功，后续使用/imagine指令输入描述词时，系统会自动添加设定好的这个后缀，不需要再每次重复输入，以更快地完成出图操作。例如，使用/imagine指令将描述词"悬崖上郁郁葱葱的绿色植物（lush greenery on cliffs）"复制到输入框中，按Enter键即可进行出图。出图过程中，描述词后面会自动加上预设好的后缀，最终得到一组印象派油画风格的图像效果，如下图所示。

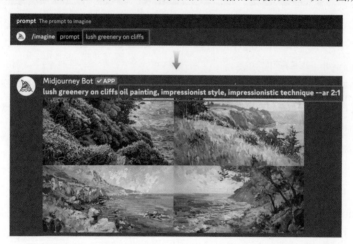

如果想取消已经添加的后缀，只需在对话框中输入/prefer suffix，然后直接按Enter键，系统会返回后缀已移除的消息，如下图所示。

2）/prefer option set 预设变量

/prefer option set用来创建自定义变量，使用该变量来代替预设的参数后缀，最多可以设置 20 个自定义变量。具体使用方法是在对话框中输入 /prefer option set，在"option"后面输入变量的名称，接着在"value"后面输入具体的参数，按Enter键后即可创建成功。例如，想设置一个出图比例为1:1（--ar 1:1）的变量，变量名称设置为"one"，设置完成后的效果如下图所示。后面在输入描述词时，只需要输入"one"，其效果等同于--ar 1:1，极大简化了输入操作。

例如，将描述词"悬崖上郁郁葱葱的绿色植物，油画，印象派风格，1:1的图像比例（lush greenery on cliffs, oil painting, impressionist style --one）"输入到Midjourney中进行出图。出图过程中，描述词中的one会被识别为--ar 1:1，最终能得到一组比例为1:1的图像，效果如下图所示。

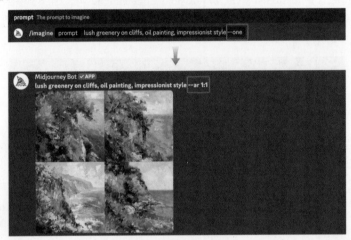

如果想删除设置好的变量，在对话框中输入/prefer option set，在"option"选择要删除的变量，不需要在"value"中输入内容，直接按Enter键即可删除预设好的变量。

3）/prefer option list **查看预设列表**

/prefer option list用来查看当前设置的所有预设变量以及每个变量对应的后缀参数。

此外，还有一些相对使用较少的指令，例如用来切换消息通知的/prefer auto_dm指令、切换混合模式的/prefer remix指令、切换变化模式的/prefer variability指令等。

3. /info 个人信息

/info指令用于查询账户及当前使用状况的相关信息，包括：

用户ID（User ID）：作为唯一标识符来识别和区分不同的用户。

订阅详情（Subscription）：显示订阅类型、有效期及剩余的图像生成额度或时间。

工作模式（Job Mode）：显示当前的工作模式是快速模式、加速模式还是放松模式。

可见模式（Visibility Mode）：显示当前处于的模式是公开模式还是隐私模式。

快速模式剩余时长（Fast Time Remaining）：显示当月快速出图模式的剩余时长。

排名计数（Ranking Count）：基于个人喜好对生成的图片进行排名，显示已排名的图片数量以及过去30天内已排名的图片数量。

出图总量（Lifetime Usage）：显示累积生成的图像数量，其中图像的数量统计包括初始图像、放大、变体、混合等所有的图像类型。

快速模式出图量（Fast Usage）：显示快速出图模式累计生成的图像数量。

加速模式出图量（Turbo Usage）：显示加速出图模式累计生成的图像数量。

放松模式出图量（Relaxed Usage）：显示放松出图模式累计生成的图像数量。

排队任务数量（Queued Jobs）：显示在快速模式/放松模式下正在等待排队出图的任务数量，最多可以同时排队7个任务。

执行任务数量（Running Jobs）：显示当前正在出图的任务，最多可以同时进行3个任务。

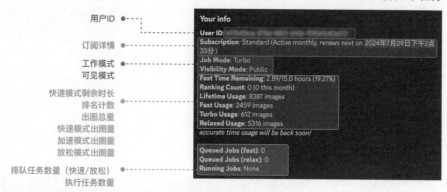

2.1.3　系统辅助指令

1. /subscribe 订阅

/subscribe是用于管理订阅状态的功能性指令，用来生成会员订阅页面的跳转链接，这里的链接只限个人使用。通过这个链接，用户可以查看、升级或续订会员订阅计划。

2. /show 恢复任务

/show指令需配合任务ID来试用，通过输入已生成图像的任务ID，将之前生成的图像恢复到其他服务器中。我们每次出图都可以看作是一个任务，对应唯一的任务ID。任务ID可以通过搜索公共图库、在浏览器查看图像网址的URL地址后缀、下载图片后查看名称后缀、与Bot机器人互动等方式来获取。

3. /invite 邀请

/invite是用于生成邀请链接的功能性指令，允许邀请好友试用。

4. /ask 提问

/ask支持向Midjourney询问问题，以获取相关信息或帮助，用于解答疑惑或者了解特定主题，增强互动性。

5. /docs 文档

/docs用于快速访问和获取官方的文档链接，对于想深入了解平台功能、操作指南或解决特定问题的用户来说非常有用。

6. /help 帮助

/help用来显示一系列可用的命令及简要说明，为用户提供一个快速了解有关Midjourney使用的引导和跳转链接。

2.2　描述词解析

在Midjourney中，通过调用/imagine指令来唤起prompt对话框，从而与Midjourney机器人进行互动。描述词（Prompt）用来描述生成图片的风格、颜色、主题等关键信息。在Midjourney官方介绍文档中，将Prompt 的输入结构分为三部分：图片描述（Image Prompts）、文本描述（Text Prompt）和参数（Parameters）。在上一节中，我们将参数单独拿出来进行了讲解，这里主要介绍描述词这部分的内容。

文本描述（Text Prompt）：最基本且必不可少的部分，通过使用简短的词语描述即可生成图像，避免使用太烦琐的语法或造句。

图片描述（Image Prompts）：属于选填描述，通过提供参考图的URL地址进行调用，须放在文本描述的前面。Midjourney会分析参考图中的信息和风格，并将其结合到新生成的图像中，也叫作"垫图"。

其中最基本的描述词可以简单到一个词语、短句或表情符号，高级描述词可以包括一个或多个图像URL、多个文本短语以及一个或多个参数。

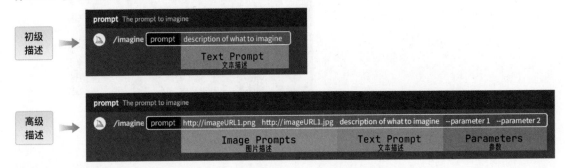

2.2.1 描述词结构

使用Midjourney生成的图像视觉效果虽然很棒，但在出图过程中几乎每个人都会遇到一个痛点问题：脑海里预想的效果和生成出来的往往落差很大，有时候重新生成好多次仍达不到想要的效果。基于这个痛点问题，结合Midjourney官方的描述提示以及大量的出图实践经验，这里总结出一套相对简洁、实用的描述词结构模板：主体描述+风格设定+图像参数。

这个结构涵盖了画面的内容、风格、氛围和细节等要素，有助于清晰地将创作意图传达给Midjourney，同时也便于用户快速构思和调整描述内容。接下来将依次讲解每部分的描述重点。

1. 主体描述部分

核心对象：明确描绘画面中的主要元素或物体是什么，例如"一位戴着帽子的探险家""一座悬浮的岛屿"。

地点描述：描述主体所处的具体环境或地点，增加场景的画面感，例如"在森林里""位于云端之上的宫殿"。

环境描述：描述围绕主体的更广泛的场景设置，与地点描述相辅相成，提供更多背景信息，例如"周围环绕着树""背景是浩瀚的星河"。

动作描述：说明主体正在进行的动作或姿态，这样能增加图像的动态感，如"正攀爬山峰""悠闲地漂浮"。

颜色描述：细化主体及周围环境的颜色，设定整体视觉基调，例如"身着深绿色的探险装备""天空呈现橙红色的晚霞"。

细节描述：强调能够增强画面独特性和真实感的细节，如"探险家脸上映着火把的微光""岛屿边缘有着雕刻的石像"。

2. 风格设定部分

风格描述：明确定义图像的艺术风格和质感，常用的出图风格包括扁平、3D、像素艺术、卡通、现实主义、赛博朋克、复古等。例如，"采用扁平插画风格，强调色彩的丰富。"

背景描述：描述画面背景的氛围和感觉，包括光线效果、天气状况或者背景的颜色等。例如，

"背景是黄昏时分的海岸线，金色夕阳与海面波光交相辉映。"

画面构图：概述画面的布局和视觉引导线，包括主体位置、视角选择（如等距、俯视、仰视）、空间层次感等。例如，"采用对角线构图，主体位于画面右下方，视线引导至远方模糊的山脉。"

应用场景：描述图像要用于哪些场景或目的，比如是作为用户界面、书籍封面、游戏概念图、壁纸还是展览艺术品，这有助于Midjourney调整细节以满足特定需求。例如，"设计为一款冒险游戏的概念原画，强调探索的感觉。"

参考风格：提供一到两个具体的参考艺术家、作品或文化元素，帮助AI更好地理解并融合所期望的风格特点。例如，"参考宫崎骏动画的温暖色调，结合梵高的笔触质感。"

3. 图像参数部分

图像质量：指定生成图像的清晰度和细腻程度。通常使用形容词如"高清""超清"或更具体的技术指标（如PPI/DPI值）来表示。例如，"要求图像质量达到超高清4K标准，确保细节丰富且无噪点。"

画面尺寸：明确图像的分辨率大小，这直接影响图像的适用性和展示效果。常见的分辨率包括1024×1024（方形）、720×1280（横屏）、1280×720（竖屏）等。例如，"设定画面尺寸为1920×1080。"

渲染参数：用于控制画面环境、光线、模型等的渲染效果，能让图像更加生动逼真。常用到的渲染参数包括光线追踪、粒子渲染、反射渲染、折射、全局光照等。例如，"采用光线追踪的渲染技术，实现真实的光影效果。"

在实际出图过程中，根据图像需要从每个部分中选择要用到的描述参数。比如，生成简单的图像可能就不用太多的描述词，只需要将主体描述部分交代清楚就可以。生成复杂的图像效果，则可能需要多方面的描述。

了解完描述词的结构后，接下来以一个探险为主题的图像效果作为示例，讲解如何一步步推导出符合预期的文本描述。首先按照"主体描述+风格设定+图像参数"的描述词结构模板进行各部分的文本描述：主体描述部分，结合探险的主题进行人物形象、地点、动作、环境等内容的描述；风格设定部分，主要描述图像风格、画面背景、画面视角、应用场景等要素；图像参数部分，主要描述图像精度和质量，图像的比例以及模型等参数。将每部分的描述整理到一起，得到的描述词表格如下所示。

主体描述		风格设定		图像参数	
人物形象	戴着帽子的探险家	风格描述	插画风格，丰富的色彩	图像精度	丰富的细节
地点	在森林里	画面背景	阳光明媚的背景	图像质量	8K
动作	正在爬山	画面视角	俯视视角	图像比例	3:4
环境	周围环绕着树	应用场景	书籍设计	模型	v6

将这些描述词汇总后能得到一组中文描述，借助翻译软件将中文描述转换为英文描述，最后得到的完整描述为：

An explorer in a hat, In the forest, Climbing a mountain, Surrounded by trees, Illustrated in style, Rich colors, Sunny background, Overlooking angle of view, Book Design, A wealth of details, 8K --ar 3:4 --v 6

使用/imagine指令，将整理好的描述词复制到Midjourney中进行出图操作，最终生成的图像如下图所示。通过确定主题、梳理描述词、生成图像等操作，逐步得到更加合理且符合要求的图像效果。

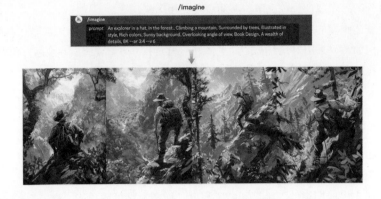

2.2.2 精准描述技巧

1. 使用肯定描述

由于Midjourney目前对否定词的理解有限，尽量避免使用not、but、except、without等否定词，出图失败率会变小。相反，可以通过正面描述来达到期望的效果，忽略否定的逻辑关系。例如想生成一个看起来像兔子的猫，避免用"a cat but looks like a rabbit"，改用"a cat like a rabbit"会更精准。

a cat but looks like a rabbit

a cat like a rabbit

2. 使用具体内容

尽量使用具体的内容来描述图像，抽象的描述词会让画面超出预期很难控制。比较抽象的词包括：期待、梦、实用、概念、意义、想象、经验、记忆、论点、叙述、友情、使命、压力、人生、智慧等。例如想生成猫咪开会的图像，我们想要的场景一定是一群在开会的猫，而非人们在开会的时候会议室里有只猫，因此在描述的时候避免使用"cat in meeting"，改用"3 cats chatting"。

cat in meeting

3 cats chatting

3. 使用具体数字

之前提到描述越具体越好，用具体的数字指明数量会比用"很多""更多"等模糊的词汇要准确。例如，避免用"many cats"，改用"8 cats playing together"。

many cats   8 cats playing together

4. 使用辅助工具

如果英文水平有限，可以使用翻译软件输入中文，再复制翻译好的英文粘贴到Midjourney里。输入描述词时，不用过度考虑描述词的语法问题。因为Midjourney会更关注描述词的具体内容，而非语法问题。

此外，还可以借助一些Midjourney描述词工具来辅助写出更有效的描述，例如OpenPromptStudio、Midjourney Prompt Helper等。这些工具能优化描述词，使其更符合Midjourney的输入要求。第6章会详细介绍这些辅助工具的用法。

2.3　常用参数解析

从Midjourney对话框能发现，参数（parameter）和描述词（prompt）是在同一个prompt对话框内的，如下图所示，因此参数可以看作是描述词的一部分，作为后缀放在描述词的后面，用来调整诸如图像比例、图像质量以及模型版本等多方面的效果，对图像效果有着至关重要的影响。参数通常用在描述词之后，使用符号"--"来表示，同一段描述词中，可以使用多个不同的参数，确保生成的图像符合要求。

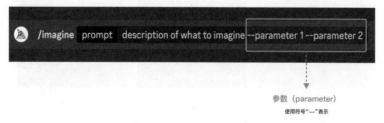

参数（parameter）
使用符号"--"表示

随着版本的迭代，Midjourney的参数也在不断更新，截至v6.1版本，Midjourney共提供了25种参数。为了方便掌握这些参数的用法，这里将常用的参数归纳整合为基本参数和模型参数两大类。下面将展开讲解这些参数的含义、使用格式和使用技巧。

2.3.1 基本参数

1. Aspect 宽高比

--aspect参数或 --ar参数用于控制生成图像的宽高比,通过在描述词末尾添加"--aspect 宽:高"或"--ar 宽:高"来表示。Midjourney的默认宽高比为1:1,这意味着生成的图像是正方形。不同模型可能有不同的默认设置,例如Niji模型默认的出图比例为3:2。

参数格式:--aspect+空格+宽高比或 --ar+空格+宽高比

使用技巧:

确保在参数与数字之间有一个空格,错误的格式会导致参数不被正确解析;

输入的宽高值必须是整数,例如使用139:100而非1.39:1来表示宽高比;

调整宽高比不仅会改变图像的物理尺寸,还可能微妙地影响图像的内容和构图,因为算法需要在不同的画布尺寸上生成视觉协调的图像效果。

2. Quality 质量

--quality参数或--q参数用来控制画面的精细程度,数值越高画面质量越高,同时也需要花费更长的时间来处理和生成更多的细节。--quality参数或--q参数不会直接影响图像的分辨率(像素尺寸),而是影响图像的细节和清晰度。此参数接受的值包括 .25、.5 和 1,其中默认值为1。

参数格式:--quality+空格+数值或 --q+空格+数值

使用技巧:

在出图过程中,--quality或--q的参数值不一定越高越好,具体还需要根据图像内容而定,例如较低的数值适合抽象风格的图像,较高的数值会生成更多的细节。例如,将描述词"蒸汽朋克大象(A steampunk elephant)"输入到Midjourney中进行出图,分别使用--quality .25、--quality .5、--quality 1三种参数值,随着参数值越来越高,图像中的细节也越来越丰富,效果对比如下图所示。

--quality .25　　　　　　--quality .5　　　　　　--quality 1

3. Stylize 风格化

--stylize参数或--s参数用于控制生成图像的风格化程度和艺术性,参数值越高,生成的图片细节越丰富,质感也越明显。该参数的数值为0~1000的整数值,其中默认值为100。

参数格式：--stylize+空格+数值或 --s+空格+数值

使用技巧：

设置指令中的Style Low（风格化低）、Style Med（风格化中）、Style High（风格化高）、Style Very High（风格化非常高）分别对应的数值为--s 50、--s 100、--s 250、--s 750。同样的描述词在不同的数值下会生成差异化的图像效果。例如，将描述词"一幅猫咪儿童画（child's drawing of a cat）"输入到Midjourney中进行出图，分别使用--s 50、--s 100、--s 250、--s 750四种不同的数值，生成的图像效果如下图所示。当为低值（接近0）时，生成的图像将更接近于输入的描述词，艺术性较低，但与描述的匹配度高。当为中等值（如100）时，生成的图像既保留描述词中的核心元素，又加入一定的艺术处理。当为高值（接近1000）时，生成的图像将具有高度的艺术性和风格化，生成独特且富有创意的结果。

4. Style Reference 风格参考

--sref参数用于风格参考。如果喜欢某张图的色调、笔触或者整体艺术风格，通过使用--sref参数加上这张图的URL链接，新生成的图像能够吸收并模仿参考图的风格。

参数格式：--sref+空格+URL1+空格+URL2

使用技巧：

允许添加一个或多个图像的URL，所有的图像URL都须放在--sref参数的后面。为了能在描述中加入参考图的URL链接，首先需要将参考图上传到Midjourney中来获取链接，具体操作方法是单击Midjourney对话框左侧的"加号"按钮，选择"上传文件"，将保存到本地的图片上传到对话框中，按Enter键即可将图片上传到Midjourney中。接着单击上传到Midjourney中的图片，左下角会有一个"在浏览器中打开"的按钮，单击这个按钮即可获得这个图片的URL链接，操作流程如下图所示。

| 上传文件 | 图片预览 | 获取链接 |

参考图的链接获取后，接下来开始输入文本描述进行出图操作。例如，将描述词"一个美丽的棕发女孩，手里拿着花，站在花园里（A beautiful brown haired girl, holding flowers in her hand, standing in the garden）"输入到Midjourney中，描述词后面再加上--sref+参考图URL，按Enter键后即可进行出图。

生成的图像效果如下图所示，新图像吸收了参考图的构图、颜色等，整体风格效果与参考图很相似。另外，有了参考图的链接作为后缀参数，即使没有在描述词中加入油画风格等文本描述，最终生成的图像风格也是与参考图一样的古典油画风格。

除了模仿参考图的风格外，还可以搭配风格权重参数--sw来进一步调整图像的风格权重，--sw参数接受0～1000的数值，其中--sw 100为默认权重值。如下图所示，分别是风格权重参数为--sw 50、--sw 100、--sw 800的图像对比效果，随着数值越来越高，生成的图像效果会和参考图越来越相似。

5. Character Reference 角色参考

--cref参数表示角色参考，用于提高图像生成中角色的一致性。使用方法与--sref参数类似，添加想要参考的角色图像URL，新生成的图像就会模仿参考图中角色的特征，确保生成的图像内容与参考角色保持一致。

参数格式：--cref+空格+URL

使用技巧：

--cref参数最适合用于需要生成一致性角色的图像创作中。如下图所示，是分别用Midjourney生成的"红头发女生（red haired woman）""坐在咖啡馆的女生插画（illustration of a female sitting in a cafe）"这两个主题不同的图像。如果我们想得到红头发女生坐在咖啡馆里的图像效果，就可以使用--cref参数实现。

red haired woman　　　　illustration of a female sitting in a cafe

首先获取红头发女生这张图的URL链接，然后在描述词"坐在咖啡馆的女生插画（illustration of a female sitting in a cafe）"后面加上--cref+红头发女生图片URL链接，即可进行出图操作。生成的新图像效果如下图所示，虽然人物的姿态和动作各不相同，但通过使用--cref参数，新图像中的人物全部采用了参考图中红头发女生的形象，装扮上也保持了高度的一致，成功达到预期效果。

除了保持角色的一致性外，还可以搭配角色权重参数--cw来进一步调整角色参考的强度，范围是0～100，其中默认值为100。如下图所示，分别是角色权重参数为--cw 0、--cw 50、--cw 100的图像对比效果。如果角色权重参数设置50以下或者更低的值，AI会在保留参考图脸部、发型等特征相似度的同时，在服饰装扮上有更多变化。随着数值越来越高，生成的图像角色效果会尽可能模仿参考图的所有特征，比如脸部、发型、服饰等，和参考图的人物特征保持一致。

此外，角色参考--cref参数还可以与风格参考--sref参数结合使用，这样在保持人物角色特征一致的同时，还能模仿参考图的画面风格，实现图像角色与风格的双重定制效果。例如，将--cref和--sref后面的URL链接全部变成红头发女生这张图的URL链接，最终生成的效果如下图所示。在新生成的图像中，不仅人物特征保持了一致性，而且图像中的浅灰色背景、笔触的质感等画面细节都与参考图一样。

6. Image Weight 图像权重

--iw参数代表图像权重，是用来控制图像提示与文本提示之间权重比例的参数。图像权重的数值越高，生成的图像就会越接近参考图，例如输入--iw 1.5，意味着图像提示的权重是文本提示的1.5倍，那么生成的新图像更倾向于参考图的特征。

参数格式：--iw+空格+数值

使用技巧：

不同的模型版本具有不同的图像权重范围。在v6和Niji6版本中，图像权重范围为0～3，图像权重默认值为1；在v5和Niji5版本中，图像权重范围为0～2，图像权重默认值为1；v4以下版本则不适用。使用--iw参数也需要先获取参考图的URL链接，并将URL链接放在描述词的最前面才能生效。如下图所示，先上传一张花的图像作为原图参考，然后输入描述词"生日蛋糕（birthday cake）"，再添加--iw参数作为后缀即可进行出图。同一描述词在不同--iw参数权重下的出图效果如下图所示。

7. :: 文本权重

双冒号"::"代表文本权重，是用来控制文本之间权重比例的参数。它既能用于分割不同的文本信息，还能用于指定不同文本元素的重要性，其功能类似于权重分配。

参数格式：元素1+::+空格+元素2 或元素1+::+数值+空格+元素2

使用技巧：

文本分割是使用"::"将一个描述词拆成两段来理解，有助于AI更清晰地区分处理信息，从而在生成图像时更好地体现各自的特征。文本权重则是在文本分割的基础上，再通过数值来分配每部分的权重。如下图所示，左侧为描述词"太空飞船（space ship）"的出图效果；中间的space::ship表示将文本分割成"太空（space）""船（ship）"，生成的图像是一艘船在太空中的效果；右侧的space::3 ship表示"太空（space）"的权重是"船（ship）"的三倍，在生成图像时会更侧重于展现太空的特征。

space ship   space:: ship   space::3 ship

8. No 负权重

--no参数用来从生成的图像中排除特定的元素或特征，使用方式相对直接，只需要在--no后面加上不希望出现的元素名称，新生成的图像中就不会出现这个元素。

参数格式：--no+空格+排除元素

使用技巧：

--no参数与上面讲到的文本权重"::"参数有一定的关联，当文本权重"::"的数值为-.5时，该情况下的效果等同于--no参数，都能从图像中排除不希望出现的元素。如下图所示，左侧为描述词"静物水粉画（still life gouache painting）"的出图效果，画面中是有水果存在的；中间是描述词后面加上"--no fruit"参数的出图效果，画面中没有出现水果元素；右侧是描述词后面加上"fruit::-0.5"参数的出图效果，画面中也没有出现水果元素。

still life gouache painting　　--no fruit　　fruit::-0.5

9. Chaos 随机性

通过调整--chaos或--c参数，可以控制生成图像的随机性，chaos数值越高，生成的图像在风格和细节上会更加随机和多样化。--chaos参数接受0～100的数值，其中默认值为0。

参数格式：--chaos+空格+数值或 --c+空格+数值

使用技巧：

低值（如--chaos 0或接近0）会让每次生成的图像风格和内容高度相似，适合用在找到一个喜欢的样式并进行微调的场景中。高值（如--chaos 100）则会让每次生成的结果有较大的差异，更适合用在探索更多创意和多样性的场景中。例如，将描述词"熊猫闻花香（Pandas smell the fragrance of flowers）"输入到Midjourney中，分别使用--chaos 0、--chaos 50、--chaos 100三种不同的数值进行出图，生成的图像效果如下图所示，随着chaos数值不断变高，生成的每组四张图像之间的风格差异越来越大。

--chaos 0（默认）　　--chaos 50　　--chaos 100

10. Seed 种子值

Midjourney每次生成图像时，后台算法都会为其随机分配一个seed值（种子值）。目前seed值已支持超过42亿，即每次生成图像时都有超过42亿种结果。因此即使是很多人使用一段完全相同的描述词，也能提供足够的随机性来确保每个人每次生成的图像都是不一样的。同理，如果采用相同的seed值进行出图，就能生成十分相似的图片。

参数格式：--seed+空格+种子值

使用技巧：

首先需要获取参考图的seed值，才能将seed值用在描述词中。获取方法是用鼠标右键单击参考图并选择信封图标，Midjourney就会回传参考图的seed值，操作示例如下图所示。

通过使用参考图的seed值，就能得到与参考图的风格和构图类似的新图像。例如，想将在保持参考图人物形象不变的情况下，将人物的服装由红色变成绿色，即可使用seed值来实现。先将原来参考图的描述词"一个穿着红色毛衣的3D可爱女孩（A 3D cute girl wearing a red sweater）"改为"一个穿着绿色毛衣的3D可爱女孩（A 3D cute girl wearing a green sweater）"，再在描述词后面加上参考图的seed值" --seed 802089565"，按Enter键进行出图操作。前后生成的效果图如下所示，除了人物的服装颜色变化比较大之外，新图像的人物特征、画面构图和整体风格都与参考图很相似。

A 3D cute girl wearing a red sweater

A 3D cute girl wearing a green sweater --seed 802089565

11. Tile 拼接融合

通过在描述词的末尾添加--tile参数，可以生成无缝拼接的图像，适用于需要连续的纹理、壁纸、印花等重复图案的设计场景中。

参数格式：描述词+空格+--tile

使用技巧：

例如，将描述词"粉蓝条纹的河石图案（a pattern of pink and blue striped river stones）"输入到Midjourney中，加上--tile参数作为后缀，即可生成用于拼接的图像，图像生成及平铺效果如下图所示。

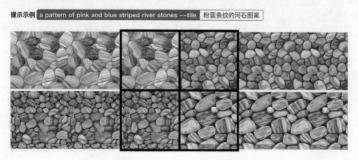

12. Stop 停止

Midjourney主要使用"扩散模型"（Diffusion Models）技术来生成图像，图像生成可以看作是从"去噪"到逐渐"扩散"出清晰图像的过程。--stop参数能控制在扩散过程的某个阶段中断出图，以此得到不同细节程度的图像。

参数格式：--stop+空格+百分比数值

使用技巧：

通过在--stop后面添加停止的百分比数值，数值是10～100的整数，默认值为100。例如，--stop 50意味着图像将在完成50%后停止扩散。同一描述词"木质镶嵌橡树叶（a wooden inlay oak leaf）"在不同--stop百分比数值下的出图效果如下图所示。

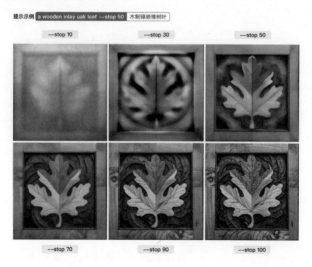

13. Repeat 重复

--repeat参数或--r参数用于控制生成图像的重复次数。参数后面的数值代表希望生成的图像数量，例如--repeat 3表示基于同一个描述进行三次出图操作。

参数格式：--repeat+空格+数值或 --r+空格+数值

使用技巧：

--repeat参数使用起来相对简单，例如输入描述词"一个可爱女孩插画（illustration of a cute girl）"，后面加上-- repeat 2作为后缀，按Enter键后会提示"是否要重复出图"，单击"Yes"按钮后会基于同一个的描述进行两次出图操作，使用示例如下图所示。

14. { } 排列

"{ }" 排列参数支持以特定的顺序或组合方式来安排描述词，使用花括号"{ }"将一组描述词包裹起来，并用逗号（,）分隔出不同的描述词，可以精细控制图像生成过程中元素的逻辑关系。

参数格式：{A, B, C} + {D, E, F}

使用技巧：

例如，"a {red, green, yellow} bird"这样一组添加了排列参数的描述词，在生成图像时，系统会把这一组描述词拆分成"a red bird""a green bird""a yellow bird"三组描述词分别进行出图。

描述词排列

"{ }"参数不仅能排列描述词，还可以对参数或者模型进行排列。

参数排列-比例   **参数排列-模型**

"{ }"参数还支持多重和嵌套排列等组合排列的形式，在一组描述词中添加多组排列选项，可以分别对描述词和参数进行排列。

如果想让花括号内的某个描述不单独进行出图，可以在这个描述前添加反斜杠（\），这样后面的描述就会被识别成内容。

2.3.2　模型参数

1. Version 版本

Version参数允许用户选择不同的模型版本来生成图像，对于控制输出图像的风格、质量至关重要。出图时默认使用的是最新的模型，其他模型可以通过-- version参数或-- v参数来调用，目前可调用的Version模型版本包括1、2、3、4、5.0、5.1、5.2、6.0和6.1。

参数格式：--version+空格+数值或 --v+空格+数值

使用技巧：

每种模型都擅长生成不同类型的图像，具体选择使用哪种模型，还需要根据实际的作图要求来决定。同一描述词"生机勃勃的向日葵（vibrant sunflowers）"在不同Version模型下的出图效果如下图所示。

![提示示例 vibrant sunflowers 生机勃勃的向日葵 不同Version模型出图效果：V1、V2、V3、V4、V5.0、V5.1、V5.2、V6]

2. Niji 模型

Niji模型是Midjourney和Spellbrush合作推出的模型，用来制作动漫和插图风格，增添图像的艺术性和动漫效果。

参数格式：--Niji+空格+数值

使用技巧：

对于追求动漫或二次元风格的图像创作，可以使用--Niji参数来调用Niji模型。同一描述词"生机勃勃的向日葵（vibrant sunflowers）"在不同Niji模型下的出图效果如下图所示。

3. Style 风格

--style参数用于在不同版本模型的预设模式之间切换。在v6、Niji 6、v5.2和v5.1模型中，可以选择预设的--style raw模式，选择后出图时会弱化艺术效果，让生成的图像与描述词更匹配。

参数格式：模型+--style+模式

使用技巧：

例如在Niji 5模型中，可以选择预设的--style original（原创型）、--style cute（可爱型）、--style expressive（风景型）、--style scenic（表现型）四种模式，输入描述词"鸟儿在树枝上栖息（birds perching on a twig）"，不同--style参数下的出图效果如下图所示。

2.4 出图方法解析

遇到一些复杂或者大型设计项目时，只依靠一种出图方法往往很难起到明显的提效作用。如果能掌握多种出图方法，就可以灵活处理不同的出图要求，更好地进行设计工作。因此，这里总结了三种常用的出图方法，包括文生图、图生图、图生文+文生图。接下来以"夏日荷花插画"为主题，通过实际的出图案例来帮助大家掌握这些Midjourney出图方法，灵活学会使用多种指令为出图服务。

2.4.1 文生图

文生图是最基本的出图方法，通过输入文本描述词进行出图。例如，使用/imagine指令，将描述词"夏日，荷花，池塘，插画（Summer day, Lotus, Pond, Illustration）"输入到Midjourney中即可进行出图，生成效果如下图所示。

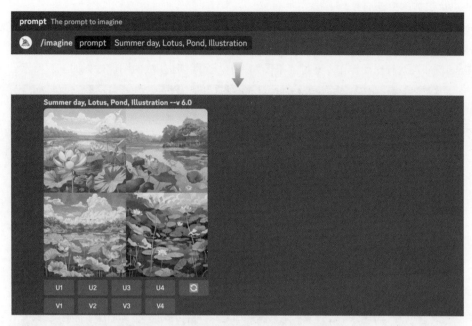

除了使用基本的文本描述进行出图外，这里再介绍一种高级且经常用到的文生图方法，即"垫图"+文生图。先输入参考图的URL链接，后面再加上需要用到的文本描述，通过组合的形式来进行出图。

文生图

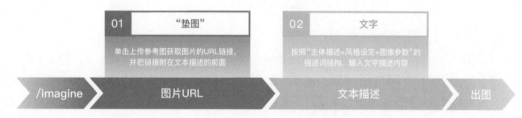

在输入文本描述词前，先上传一张和夏日荷花插画主题相关的参考图到Midjourney中。具体操作方法是单击Midjourney中的"添加"按钮，选择"上传文件"选项，上传需要用到的参考图片。图片上传完成后，单击参考图的"在浏览器中打开"按钮，获取这张参考图的URL链接，操作方法如下图所示。

| 上传文件 | 图片预览 | 获取链接 |

接下来复制参考图的URL链接到对话框的前面，然后在参考图URL后面添加一个空格，再进一步输入文本描述词，得到的完整描述为：https://cdn.discordApp.com/attachments/1256843246563233825/

1261587837900292096/2.png?

ex=669380bb&is=66922f3b&hm=ed874f757ab3e564a3e100b03446a79961fbf9e94e12ab8033e09121b3
a51a d3& Summer day, Lotus, Pond, Illustration

按Enter键即可进行出图操作，通过"垫图"+文生图的方法生成的图像效果如下图所示。

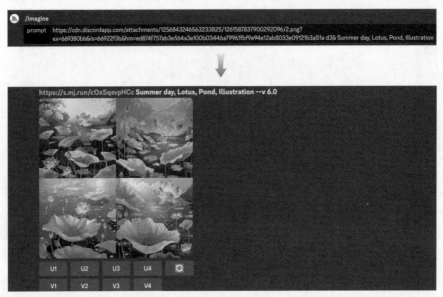

参考图可以作为新图像的风格、构图或颜色的一部分，Midjourney在保留该参考图特点的同时，
根据文本描述再创作出新内容。相对于文生图的出图方法，通过"垫图"+文生图生成的图像效果会
更加可控，是在设计实践中常用的出图方法之一。

2.4.2　图生图

图生图是最简单的出图方法，即使用/blend指令，通过上传多张参考图进行混合出图，生成新图
像的过程中省去了输入文本描述的步骤。使用此方法得到的图像结果取决于上传图像的内容、颜色、
风格等，效果相对不可控。如果想让生成的图像效果更可控，可以尝试选择上传同风格或者同类型的
参考图，生成类似的图像效果。

图生图

单击选择/blend指令会出现两个图片的上传框，这里挑选两张风格、色调等方面比较相似的荷花插
画作为参考图，分别单击上传框将两张参考图上传上去。上传完成后，按Enter键即可进行出图操作，整
个出图过程中不需要输入文本描述。通过图生图操作方法得到的夏日荷花插画效果如下图所示。

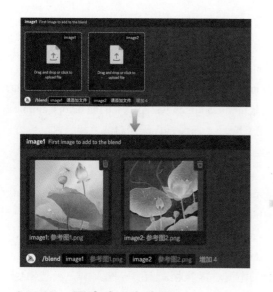

2.4.3　图生文+文生图

这种出图方法用到了/descirbe和/imagine这两个指令，操作起来会比前两种方法复杂一些，但生成的图像效果往往更符合预期。

图生文+文生图

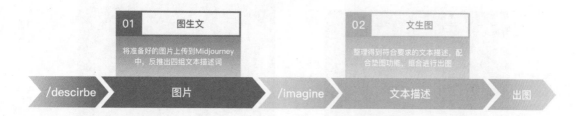

首先是图生文，使用/descirbe指令，将夏日荷花插画的参考图上传到Midjourney中，随后会反推出四组关于这张参考图的描述词，分别是：

1. A lotus flower is blooming on the water, with leaves and buds floating around it. A fish is swimming among them. Vector illustrations of pink petals and green leaves, with subtle glow effects. The background features dark blue-green tones with sparkling stars. It has an elegant style in the style of Chinese art, with simple lines and bright colors. Cartoon flat illustration, vector art, high resolution. High definition, with detailed details. Simple design, without cluttered elements. High definition, detailed details. Simple design, no cluttered elements（一朵莲花在水面上绽放，周围漂浮着叶子和花蕾。一条鱼在其中游动。粉色花瓣和绿叶的矢量插图，带有微妙的发光效果。背景采用深蓝绿色调，点缀着闪闪发光的星星。它具有中国艺术风格的优雅风格，线条简洁，色彩鲜艳。卡通平面插图，矢量艺术，高分辨率。高清晰度，细节丰富。设计简单，没有杂乱的元素。高清晰度，细节丰富。设计简单，没有杂乱的元素）

2. A lotus flower and leaves in the style of a vector illustration, with a pink color scheme and light green water lily leaf patterns in the background, glowing effects, cartoon illustrations in the style of vector graphics, and a flat composition. A fish swimming under the water surface. The pond is surrounded by golden stars in a quiet night scene（一朵莲花和叶子的矢量插图风格，粉红色配色方案和背景中的浅绿色睡莲叶子图

案，发光效果，矢量图形风格的卡通插图和平面构图。一条鱼在水面下游动。池塘周围环绕着金色的星星，在宁静的夜景中）

3. A lotus flower and its leaves in the style of a cartoon, vector illustration with a pink and green color scheme. The night pond background includes light particles and elements related to Chinese New Year. A fish is swimming in the water under the flowers. The illustration is high resolution with detailed flat colors, simple lines, and high quality details（卡通风格的一朵莲花和它的叶子，矢量插图采用粉红色和绿色配色方案。夜晚的池塘背景包括与中国新年相关的光粒子和元素。一条鱼在花下水中游动。插画分辨率高，色彩平淡，线条简洁，细节丰富）

4. A pink lotus flower blooms on the water, surrounded by green leaves and fish in the style of an illustration with subtle gradients. The background is a dark blue with stars shining brightly, creating a dreamy atmosphere. This artwork features vector illustrations of cartoon characters. It includes exquisite details, delicate lines, bright colors, soft lighting effects, and high-definition resolution（一朵粉色莲花在水面上绽放，周围环绕着绿叶和鱼群，风格类似插画，带有微妙的渐变。背景为深蓝色，星星闪耀，营造出梦幻般的氛围。这幅作品以卡通人物的矢量插图为特色。它包含精致的细节、细腻的线条、明亮的色彩、柔和的灯光效果和高清分辨率）

考虑到生成的描述词为英文，可以借助翻译软件将英文描述词快速转为中文，方便对描述词进行筛选和调整。通过图生文操作得到的描述词如下图所示。

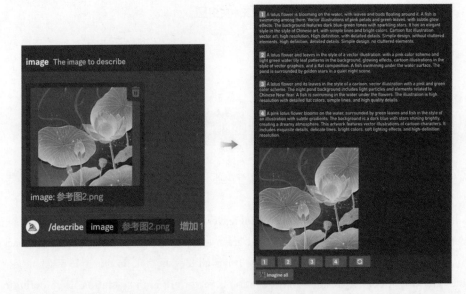

接下来是文生图操作，这里以第一条描述词为例，使用/imagine指令进行出图。如果想让生成的图像与参考图风格更接近，可以在描述词前面加上参考图的URL链接作为垫图使用，垫图后的描述为：

https://cdn.discordApp.com/ephemeral-attachments/1092492867185950852/126159325 5775309876/2.png?

ex=669385c7&is=66923447&hm=e07a9f45f7cb697c7442bc5f99ad5f1aac8da68f52bdbaf059e91c 0afa87746 d& A lotus flower is blooming on the water, with leaves and buds floating around it. A fish is swimming among them. Vector illustrations of pink petals and green leaves, with subtle glow effects. The background features dark blue-green tones with sparkling stars. It has an elegant style in the style of Chinese art, with simple lines and bright colors. Cartoon flat illustration, vector art, high resolution. High definition, with detailed details. Simple design, without cluttered elements

　　将描述词复制到Midjourney中进行出图操作，通过以上流程，一个图生文和文生图组合生成的夏日荷花插画就操作完成了，效果如下图所示。

　　以上是通过文生图、图生图、图生文+文生图三种方法分别生成的夏日荷花插画，横向对比效果如下图所示。通过对比能看到，文生图方法生成的每组图像风格更加多样化，每张图像在构图、风格、画面丰富度上都存在差异，加入"垫图"后，生成的每组图像风格会趋向统一；使用图生图方法、图生文+文生图方法生成的每组图像在构图、色彩、风格等方面更相似，效果更可控。

　　在实际使用过程中，可以根据每种出图方法的特点以及具体的设计需求，灵活选择不同的方法来进行出图。在后面的章节中，将继续讲解这些出图方法在多种设计场景和设计案例中的应用。

第3章　AIGC设计实践——UI设计

3.1　引导页设计

3.1.1　引导页设计原则

引导页通常是用户首次接触产品的重要提示，需要吸引用户、传达信息并提供引导。在设计之初就应该对需要设计的引导页进行充分分析，从而得出合理化的设计方案。

以下是一些引导页设计的重要原则。

简洁性：引导页设计应保持简洁，避免过度拥挤。使用清晰的图像和简洁的文本，以确保用户可以快速理解产品的核心功能。

一致性：引导页设计应该与产品的整体风格和品牌保持一致。使用相似的颜色、字体和图标，以便用户能够识别出这是与应用相关的内容。

交互性：如果引导页包含多个功能，确保提供简单的导航，以便用户可以轻松切换屏幕。常见的交互方法包括左右滑动或单击箭头按钮。

引导性：鼓励用户采取下一步行动，例如注册、登录或了解更多信息。使用按钮或指示箭头来进行引导。

这些原则可以帮助设计师创建内容引导和视觉效果兼顾的引导页，为用户提供愉悦的使用体验。

3.1.2　扁平插画风格

以扁平插画作为引导页，是很多App的第一选择。扁平插画适用于很多场景，这里我们为一个办公App做一组引导页设计，需要使用扁平插画的设计风格。

第一步，分析需求确定风格。

需求分析：办公App引导页设计，体现办公场景，扁平插画风格。

针对这个需求，我们可以先去花瓣网或Pinterest等设计素材网站中了解办公类App常用的设计风格、画面场景，搜集整理一些合适的灵感和参考，确定好设计方向和风格。

第二步，文本描述。

根据设计需求和参考图，我们会得到一个大概的设计方向。接下来按照"主体描述+风格设定+图像参数"的描述词结构，逐步拆解、提炼画面中需要的文本描述。

主体描述		风格设定		图像参数	
人物形象	一位男性员工	风格描述	扁平插画	图像精度	超细节
地点	在办公室里	环境背景	白色背景	图像质量	8K
动作	查看图表	画面构图	全身	模型	Niji6
颜色	蓝色和橙色，渐变	参考风格	UI，极简设计		

将这些文本描述提炼整理后，能得到一组中文描述，借助翻译软件将中文描述转换为可用的英文描述，如下图所示。

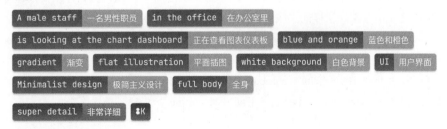

完整文本描述示例如下：

A male staff, in the office, looking at the chart dashboard, blue and orange, gradient, flat illustration, white background, Minimalist design, full body, super detail, 8K, --niji 6

第三步，AI出图。

根据整理好的文本描述，在Midjourney中输入/imagine指令，利用文本描述来生成图片素材。

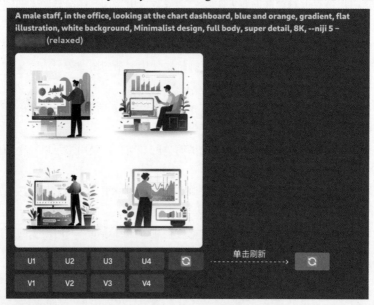

通过生成的图片能看到，画面场景和效果基本符合预期，这时我们可以单击刷新按钮，尽可能多跑几次图，以此来获得更满意的图片。

同样的方法，将上述文本描述的动作描述部分替换为其他办公活动，例如打印文件、与同事交流等，其余文本描述不用调整，这样能生成一套风格更统一的图片素材。

首先将文本描述中的"looking at the chart dashboard"（查看图表）替换为"printing documents"（打印文件），得到的文本描述如下：

A male staff, in the office, printing documents, blue and orange, gradient, flat illustration, white background, Minimalist design, full body, super detail, 8K, --niji 6

生成的打印文件插画效果如下图所示。

再替换为"talking to another colleague"（与同事交流），得到的文本描述：

A male staff, in the office, talking to another colleague, blue and orange, gradient, flat illustration, white background, Minimalist design, full body, super detail, 8K, --niji 6

生成的同事交流插画效果如下图所示。

第四步，图片筛选及调整。

利用AI软件，每次都会生成大量的图片素材，其中只有一部分是可以使用的，因此对这些图片的筛选整理也是至关重要的一个环节。我们需要从生成的图片中精准挑选出符合需求、风格相近、画面效果更好的图片。

对于挑选好的图片素材，如果觉得图片的清晰度不是特别高，可以利用AI放大软件对图片进行高清处理，这样运用到项目中效果会更好。筛选调整后的图片如下图所示。

第五步，设计排版。

把挑选好的图片拖到设计软件中，加上标题文案、操作按钮进行设计排版，一套办公App引导页就完成了。

3.1.3 轻质感流行风格

在引导页设计中，除了常见的插画风格，一些轻量化的、带有半透明渐变效果的设计风格出现的频率也越来越高，这种轻质感风格的页面看起来舒服，能体现出产品高级感、年轻化的特点。

例如一款集合拍照、娱乐、购物的休闲类App，想把这种风格应用到引导页设计中，体现产品的流行属性和年轻属性，我们应该怎么设计呢？

第一步，分析需求确定风格。

需求分析：休闲类App引导页设计，轻质感风格，能体现拍照、娱乐、购物等产品属性。

首先我们可以先去设计网站调研这种风格的图像，或者体验同类产品中的页面效果，分析页面的构成。通过分析能看到，轻质感风格的页面主要由主体元素加浅色背景两部分组成，两者搭配来凸显质感。

结合产品需求，我们可以把App的拍照、娱乐、购物等属性用具象的元素体现出来，如用照相机表示拍照、用游戏机表示娱乐、用购物车表示购物等，从而满足产品需求。

第二步，文本描述。

通过对设计素材的分析和对需求的理解转化，我们按照"主体描述+风格设定+图像参数"的描述词结构，逐步拆解、提炼画面中需要的文本描述。

主体描述		风格设定		图像参数	
主体	一台照相机	风格描述	2.5D等距，半透明	图像精度	高清
颜色	蓝色渐变	环境背景	白色背景	渲染器	OC渲染
属性	磨砂玻璃质感	参考风格	UI，Dribbble，C4D	模型	Niji5
材质	玻璃材质				

将这些拆解出来的文本描述提炼整理后，借助翻译软件将中文描述转换为可用的英文描述。

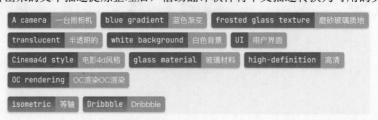

完整文本描述示例如下：

A camera, blue gradient, frosted glass texture, isometric, translucent, white background, UI, Dribbble, Cinema4d style, glass material, high-definition, OC rendering

第三步，AI出图。

首先在模型的选择上，V6模型上传的图片整体更写实一些，如果我们想得到有年轻化氛围的图片，可以尝试使用Niji 6模型。

在Midjourney中输入/setting指令，按Enter键进入设置，选择"Niji version 6"模型。设置好模型后，再输入/imagine指令，利用整理好的文本描述来生成想要的图片。

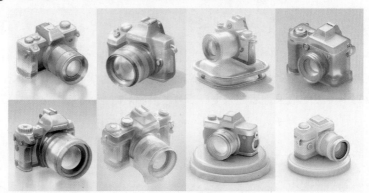

多刷新几次得到合适的图片素材后，可以将文本描述中的主体描述照相机（camera）替换为其他元素，例如表示购物的购物车（shopping cart）、表示娱乐的游戏机（gamepad）等，其余文本描述不需要调整，继续生产其他属性的图。

生成的购物车图像效果如下图所示。

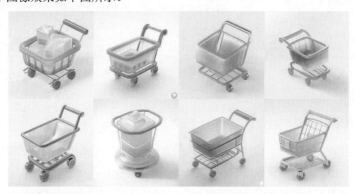

生成的游戏机图像效果如下图所示。

第四步，图片筛选及调整。

生成图片后，从中挑选出整体风格、质感和颜色相近的图片。由于生成的图片素材背景颜色各不相同，这样不利于后期进行设计延展。建议先把筛选好的图拖到Photoshop或在线去背景的AI工具（如Pixian.AI）中，一键去除图片背景，可以得到方便设计排版的主体素材。

第五步，设计排版。

将处理好的图片进行统一设计排版，考虑到产品年轻化和流行化的属性，可以在界面设计中加入丰富的色彩渐变和文字装饰，让画面看起来更有活力。最后，加上必备的标题和操作按钮，一套轻质感流行风格的UI引导页就设计好了。

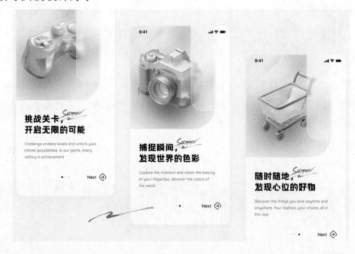

3.1.4 2.5D商务风格

除了扁平风格插画，2.5D效果的插画在UI设计的应用范围也越来越广泛。2.5D插画因其特殊的视觉效果，更容易表达出产品的科技属性。

如一款数据分析类的产品如果想要这种风格的引导页设计，我们可以从哪几个方面借助AI工具着手设计呢？

第一步，分析需求，确定想表现的场景。

需求分析：数据分析类产品引导页设计，2.5D风格，体现数字化、商务化等属性。

提到数据分析，相信很多人第一时间想到的是各种形状的数据图表。这个方向没有问题，图表是画面中必不可少的设计元素，但如果页面中只有图表，那么设计起来会有点单薄和同质化，不能很准确地表达产品自身的特色。

那么如何才能进一步体现产品属性呢？在图表的基础上，可以结合产品的具体功能，借助插画的形式来表现用户使用场景。同时2.5D插画在体现场景上更有优势，画面感和表现力更好。沿着这个设计方向，我们可以尝试发散一些文本描述。

第二步，文本描述。

通过对需求的理解和对设计风格的定位，按照"主体描述+风格设定+图像参数"的描述词结构，来一步步完成文本描述的梳理。

整个设计最关键的地方是对于使用场景的精确描述，比如用户在使用产品的哪些功能，想表现什么主题等。

主体描述		风格设定		图像参数	
主体	用户	风格描述	2.5D等距	图像比例	3:4
动作	操作数据分析工具	环境背景	白色背景		
主题	科技主题	画面构图	立体造型	模型	V6
颜色	浅灰色和绿色	参考风格	UI插画设计		

把提炼得到的中文描述借助翻译软件转换为可用的英文描述。完整的文本描述示例如下：

People operate data analytics tools, white background, isometric,UI illustration design,light silver and green, three-dimensional forms, technical themes --ar 3:4

第三步，AI出图。

出图前，在模型选择上建议使用V6模型，能让生成的图片效果更写实一些，更好地体现商务属性。设置好模型后，再输入/imagine指令，输入文本描述来生成图片。数据分析场景出图效果如下图所示。

通过生成的图片能看到，画面中既有图表元素，又结合了用户真实使用的场景，能更好展现产品属性。按照这个出图逻辑，将文本描述中的使用场景操作数据分析工具（people operate the data analytics tools）替换为其他场景，如查询交易平台（query exchange platform）、构建数据服务平台（build data services platform）等，其余文本描述保持不变，继续生成其他使用场景。

查询交易平台出图效果如下图所示。

构建数据服务平台出图效果如下图所示。

第四步，图片筛选及二次处理。

从生成的图中挑选出最符合要求的图片，为后期的设计做好准备。由于我们是对使用场景进行描述，AI生成的图片体现出很多元素。

在导入设计排版软件之前，需要对这些素材图片进行二次处理，去除图片中一些结构不完整、多余的元素，例如下图右侧的图中元素堆得很满，主体形象周围有一些表意不明的图形。对于这些存在问题的地方，需要进一步调整优化。

第五步，排版出图。

图片优化处理好之后，就可以将得到的图导入软件中进行设计出图了。为了更好体现产品的商务气质，在引导页设计中加入了灰色质感的背景，在此基础上加上卡片式的设计排版，再加上产品介绍和操作按钮，一套商务属性的UI引导页就完成了。

3.1.5　深色科技风格

深色UI设计又被称为深色模式，强调深色背景和浅色前景。在macOS发布深色模式后，很多产品的深色模式设计开始逐渐流行起来。很多区块链类应用和AI类应用都采用了深色模式，深色的视觉进一步加强了产品的科技属性，给用户带来不一样的观感和使用体验。

如果我们要为一款NFT产品设计一套深色风格的引导页，体现这款产品的数字艺术感和创意属性，我们应该如何准确把握这种风格呢？

第一步，寻找灵感，确定设计方向。

需求分析：NFT应用程序引导页设计，深色风格，体现科技性和创意性。

在设计网站中搜索NFT，能够看到绝大多数的设计都是以深色为主，页面的视觉效果特别吸睛，如下图所示。虽然产品的整体以深色为主，但经常会搭配饱和度高的亮色来凸显产品的特点。这种设计特色能够为我们的设计提供清晰的方向。

通过前期的设计调研和素材搜集，把值得学习借鉴的设计作品进行归纳整理，也可以试着对设计图进行描述，为我们下一步的出图做好准备。

第二步，图生文。

对于一些很抽象的场景或画面，单纯用文字描述容易抓不到重点，导致生成的图片始终不能达到我们想要的效果。所以可以换一种做法，先采用图生文的方式来获得文本描述。

在Midjourney中输入/describe指令，单击上传选好的参考图，按Enter键后就能看到四条针对参考图的文本描述，如右图所示。从这些描述中可以提取出参考图的质感、色彩等属性的文本，它们能为我们准确描述画面起到很重要的参考作用。

将图生文提取出来的描述进行整合，再加上自己想描述的画面或元素，得到的完整文本描述示例如下：

A scrub sphere is rotated around line, in the style of light yellow and dark silver, bauhaus, Zbrush, translucent planes, baroque energy, spatial concept, pictorial space

第三步，垫图+文生图。

通过图生文获取文本描述后，如果想让AI生成的图片更像上传的参考图，可以在出图的时候把参考图的链接也附上。

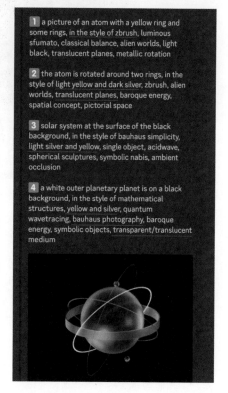

在Midjourney中输入/imagine指令，先输入参考图的URL链接，空格后再输入整理好的文本描述，这样就能够得到和参考图的构图、色彩很相似的图像，如下图所示。

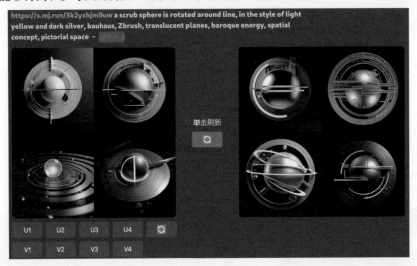

如果生成的图片效果不符合预期，可以单击刷新按钮生成几次，直到生成满意的图片。例如上图中，左下角的图片效果比较符合预期，可以单击"U3"按钮对这张图进行放大处理，得到尺寸更大的图片。

通过分析这张图片能够看到，整张图的氛围感很好，主体形象很突出。那么如果想保留背景，只对中间的主体物进行替换，以此来生成一系列风格相同的图，需要怎么操作呢？

第四步，局部变换生成系列图片。

我们只需要使用Midjourney中的局部替换功能，就能够轻松实现这个目标。在进行局部变换之前，要先想清楚需要变换的主体部分的文本应该怎么描述，例如目前画面的中心是球体，如果想换成立方体、锥体等不同的形状，我们只需要替换这部分的描述就可以，其他的描述可以保持不变。

想清楚要变换部分的文本描述之后，单击图片下方的"Vary（Region）"按钮，就会弹出一个提示弹窗，先通过框选工具选中中间的球体，然后将输入框中的主体描述词"A scrub sphere is rotated around line"（线条围绕的磨砂球体）更换为"A shimmering frosted cube crystal"（发光磨砂立方体），其他描述保持不变。

变换完主体文本描述后，单击发送图标，Midjourney就会根据新的描述词把框选的部分更新为不同的效果。局部变换后，生成的立方体效果如下图所示。

同样的操作，将主体描述词"A scrub sphere is rotated around line"（线条围绕的磨砂球体）更换为"A frosted triangular cubic crystal"（磨砂三角立方体），生成的效果如下图所示。

第五步，设计排版。

经过上面几步出图流程，能得到一系列风格统一的图片素材，从中挑选出形象更符合主题的图为接下来的排版出图做准备。

最后将确定好的素材导入设计软件中进行引导页排版出图，搭配高饱和度的黄色标题和按钮，在深色背景下更能突出产品科技化的特点，设计合成效果如下图所示。

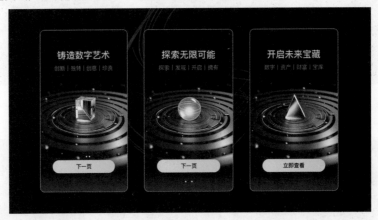

3.2　提示弹窗设计

3.2.1　升级提示弹窗

每款产品都是在不断的迭代更新过程中成长起来的，升级提示类弹窗是App中必不可少的一种信息提示方式，尤其是在每一次大的升级改版情况下。

在设计中，如果用一种图形化的元素来表达出升级的含义，那么最具有代表性的图形应该就是火箭了。很多产品都会使用火箭元素来表示升级的含义，搭配上简练的提示文案，一个生动有趣的弹窗能第一时间吸引用户的注意力。那么如何借助AI来快速完成升级弹窗的设计呢？一起来看看下面这个完整的设计流程。

第一步，分析页面构成。

在开始设计之前，需要先了解升级弹窗是由哪些元素构成的。通过整理分析现有的设计能够发现，弹窗的构成元素主要由主体火箭形象、升级提示文案和更新按钮三部分组成。其中升级文案和按钮相对固定，没有太多需要设计的地方，所以主体火箭形象是整个弹窗中最重要也是最容易出效果的元素。

升级弹窗–元素构成

明确弹窗设计的关键点之后，就可以借助Midjourney来出图了。

考虑到每个产品都有自己特定的风格，本次的弹窗设计实践案例将保持主题不变，借助AI生成三种不同风格的火箭形象（扁平风格、轻拟物风格、3D写实风格），以此来满足更多的使用场景。

第二步，文本描述。

按照"主体描述+风格设定+图像参数"的描述词结构，首先提炼出主体和动作：一个火箭正在空中飞行（a blue rocket is flying in the air）。其次，归纳一些扁平风格中较为通用的文本描述，如扁平风格（flat style）、极简设计（Minimalist design）。另外，生成的图片素材最好能有白色背景（white background），方便后期直接应用到设计中。最后，将上面提到的文本描述整理汇总。

主体描述		风格设定		图像参数	
主体形象	一个火箭	风格描述	扁平风格	模型	Niji5
动作	在空中飞行	环境背景	白色背景		
造型	圆润	参考风格	GUI，极简设计		
颜色	蓝白色				

完整文本描述示例如下：

a blue rocket is flying in the air, in the style of soft and rounded forms, light blue and silver, Minimalist design, white background, flat style, GUI --niji 5

第三步，扁平风格出图。

为了让图片风格更准确，本次采用垫图+文生图的方法进行出图。在AI出图时，利用垫图不仅能让生成的图像更可控，还更容易达到预期效果，快速提升效率。我们先借助设计素材网站找一些扁平风格的设计图作为垫图参考，如下图所示。

将参考图上传到Midjourney中获取URL链接，作为垫图使用。加上垫图链接的完整文本描述为：

https://s.mj.run/1HfTg-MRT8g a blue rocket is flying in the air, in the style of soft and rounded forms, light blue and silver, Minimalist design, white background, flat illustration, GUI --niji 5

文本描述明确后，输入/imagine指令，输入"垫图链接+文本描述"来生成图片。扁平风格的生成效果如下图所示，能够看到火箭的风格和色彩基本符合参考图的效果。

此外，火箭的造型是否饱满、结构是否准确、比例是否合适等细节是需要重点关注的问题，也是决定页面效果的关键。我们可以单击刷新按钮，多跑几组类似的图，来筛选出没有瑕疵的素材图。

第四步，轻拟物风格及3D写实风格出图。

扁平风格的火箭素材图生成之后，接着生成轻拟物风格的图像。相较于扁平风格的火箭，轻拟物风格的火箭细节更多一些，物体表面的光影、质感、透视等效果都是扁平风格的元素所不具备的。

所以在轻拟物风格的文本描述中，我们需要去掉"flat style"这个决定图片扁平风格的描述，修改后的描述如下：

a blue rocket is flying in the air, in the style of soft and rounded forms, light silver and blue, Minimalist design, white background --niji 5

之后重复进行上面提到的出图步骤，先整理一些轻拟物风格的火箭参考图，如下图所示，上传到Midjourney中作为垫图使用，避免生成的图片效果跑偏太严重。接着输入"垫图链接+文本描述"来生成图片。

轻拟物风格的生成效果如下图所示，在风格满足要求的情况下仍需要重点关注火箭的造型是否准确。

接下来继续生成3D写实风格的火箭图片，这里教给大家一个特别简便的方法：保持轻拟物风格的文本描述不变，把出图的模型从Niji5调整为V5模型，这样生成的图片效果就会更写实。文本描述为：

a blue rocket is flying in the air, in the style of soft and rounded forms, light silver and blue, Minimalist design, white background --v 5.2

此外，生成写实风格的图片时不需要垫图，直接利用文本描述出图即可，3D写实风格图像如下图所示。

第五步，图片筛选及设计排版。

三种风格的图片全部生成后，需要从这些图中分别筛选出效果好且符合要求的火箭图片。有背景的图还需要把背景去除，只保留火箭的主体形象。

扁平风格　　　　轻拟物风格　　　　3D写实风格

三种图片素材都处理好之后，就可以导入设计软件中进行弹窗的设计。根据前面对弹窗构成的总结，接下来把火箭主体形象、弹窗文案和升级按钮组合在一起进行排版。由于我们是用火箭来表示升级，因此可以在画面中加入云层，营造出火箭突破云层的效果，进一步来强化弹窗氛围。一个扁平风格的升级弹窗就设计完成了。

为了能更清晰地看到三种风格之间的对比，在本次的升级弹窗设计中，我们采用统一的更新文案，只对弹窗中的火箭元素进行替换。

依次将轻拟物风格的火箭和写实风格的火箭替换到弹窗中，统一调整火箭的倾斜角度和比例，轻拟物风格、3D写实风格的升级弹窗就设计完成了。

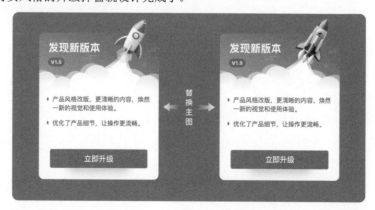

弹窗设计完成后，再加上手机样机模型，将设计好的弹窗放到手机上预览效果。通过下面的对比图能看到，虽然三个弹窗的主题和文案都是一样的，但三种不同的风格仍然能为弹窗带来差异化的视觉效果。

在实际工作中，我们可以举一反三把上面讲到的弹窗出图和设计方法，灵活运用到更多的设计场景中。

3.2.2　权限获取弹窗

权限获取弹窗是App中不可缺少的一类提示型弹窗。有些产品在设计权限获取弹窗时，会直接使用手机系统中自带的弹窗，这类弹窗形式相对单一。随着产品逐渐成熟，一套和产品风格相匹配的权限获取弹窗能给用户带来更好的使用体验。

在设计权限获取弹窗前，需要先了解一下权限获取这种操作有哪些注意事项。

用户隐私保护：权限获取相对来说有一定的隐私性，用户在操作时也会更慎重，需要注意对用户隐私的保护，不能过多收集用户的个人信息。

描述清晰性：在权限申请的描述中，需要清晰地说明权限的用途，以及开启权限后的相关操作，提前告知用户为什么需要这些需求，避免用户理解不足，增加用户学习成本。

权限开启的必要性：在开启权限时，根据用户使用情景进行请求，容易更符合用户的操作习惯，例如用户群聊时想要上麦评论，这时候开启语音权限也是很顺其自然的请求，对于用户也是很有意义的，提升了用户体验。

提前理解清楚权限的应用场景和用户行为，在设计时才能抓住核心诉求，让设计作品更落地。接下来以通话权限、拍照权限、好友权限以及位置权限四个常见的操作为示例，探究如何借助Midjourney来辅助完成权限获取弹窗的设计。

第一步，解释说明权限含义。

权限获取弹窗的构成形式很简单，主要由提示元素、权限说明文案和操作按钮组成。其中每一种权限在开启的时候都需要搭配不同的提示元素和权限文案。当我们接到获取权限的设计需求时，需要考虑如何为这些权限匹配合适的图形化元素，方便用户更好地了解页面内容。

举个例子：如果想获取通话权限，可以用麦克风作为提示图形；想获取拍照权限，可以用照相机作为提示图形；想获取好友权限，可以用通讯录作为提示图形；想获取当前位置的权限，可以用地图作为提示图形。

经过这样的设计思考后，抽象的权限获取需求就转换成了具体的图形设计，接下来就可以借助Midjourney来生成各种各样的图形素材了。

第二步，文本描述。

我们先从获取通话权限开始设计，通话权限对应的具体图形是麦克风元素，所以在Midjourney中我们只需要考虑怎样把这个麦克风元素生成出来就可以了。

麦克风的设计风格要根据产品风格而定，这里我们以一种3D效果的麦克风为例，出图要求是形状简单但要保留细节。想要的颜色是银黄色，麦克风要有一些哑光的质感。此外，再加上一些通用的文本描述，例如白色背景、极简设计等，最后整理得到的完整文本描述示例如下：

A 3D microphone icon with simple shape, Minimalist, matte, light silver and yellow, white background, surreal, details, 8K --niji 5

第三步，AI出图。

根据整理好的文本描述，在Midjourney中使用/imagine指令，输入文本描述就可以开始出图了。

本次出图是使用文生图的方法，没有使用麦克风图像作为垫图，所以会生成很多种不同风格和形状的麦克风，效果如下图所示。在生成的图像风格符合预期要求的情况下，单击刷新按钮再多跑几次图，可以产生更多的可能性和设计灵感。

麦克风图片生成之后，接下来将文本描述中的麦克风（microphone）替换为代表其他权限的图形，如照相机、通讯录、地图等，其余描述不需要改变，来生成一套风格统一的设计素材。

首先将主体描述麦克风（microphone）替换为照相机（camera），得到的文本描述为：

A 3D camera icon with simple shape, Minimalist, matte, light silver and yellow, white background, surreal, details, 8K --niji 5

照相机出图效果如下图所示。

再将主体描述替换为通讯录（phone book），得到的文本描述为：

A 3D phone book icon with simple shape, Minimalist, matte, light silver and yellow, white background, surreal, details, 8K --niji 5

通讯录出图效果如下图所示。

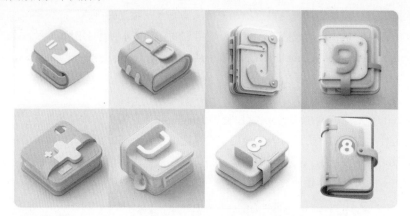

最后将主体描述替换为地图（map location），得到的文本描述为：

A 3D map location icon with simple shape, Minimalist, matte, light silver and yellow, white background, surreal, details, 8K --niji 5

地图出图效果如下图所示。

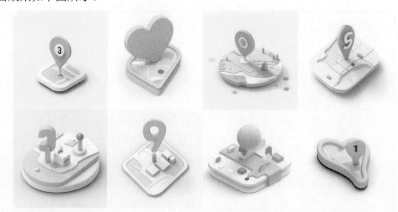

第四步，图片筛选及设计排版。

四种不同权限的提示图形全部生成之后，接下来就要对这些图进行筛选整理。虽然是使用同一套文本描述进行出图，但生成的图片颜色上还是会有一些细微的差别。

在筛选过程中需要根据图形的颜色、图形的造型程度、图形的角度等多个方面仔细筛选，得到一套合适的素材图。在导入设计软件进行设计排版前，为了后期方便设计，有背景的图片可以先把背景去掉。

| 麦克风 | 照相机 | 通讯录 | 地图 |

筛选图处理好之后，接下来我们先以通话权限提示弹窗为例，来看看弹窗的合成方法。依次将生成的麦克风图形、权限提示文案和操作按钮导入设计软件中进行合成排版，这里采用居中对齐的排版

方式，将图形放到弹窗顶部，中间为提示文案，弹窗下方为操作按钮。在排版时，还可以在麦克风图形、弹窗背景中分别加入矢量化的装饰图形，起到丰富画面和强化氛围的作用。

最后调整整个弹窗的颜色以及弹窗中文字的字号大小，确保文字大小在任何设备中都能有较好的可读性。通过这些设计排版和合成方法，一个通话权限获取弹窗就设计好了，如下图所示。

利用同样的合成方法，在保持弹窗排版不变的情况下，分别将弹窗中的图形元素进行替换，为每种权限搭配不同的提示文案，最后加上操作按钮，一套完整的权限获取弹窗就设计完成了。

最后将合成好的弹窗放到真实的页面中，查看实际应用效果，如下图所示。

在实际工作中，我们以此为基础，只需要根据自家产品的风格和颜色，将弹窗的主题色或者提示文案进行替换，就能快速复制得到一套高质量的权限获取弹窗。

3.2.3 结果反馈弹窗

在产品设计中，反馈型弹窗也是重要的设计对象之一。反馈结果是否及时、准确，与用户的产品体验息息相关，进而影响到产品的用户留存。

结果反馈弹窗顾名思义，是告知用户结果的弹窗。反馈结果既有可能是正向的提示，也有可能是负向的注意事项。正向的反馈很容易理解，例如告知用户得到了某些福利或机会，氛围会愉悦。负向的反馈往往伴随着遗憾或失败，所以在设计时可以考虑使用一些情感化的设计来减轻用户的失落感。

对结果反馈弹窗有了基本的认识后，接下来就进入设计实践环节。假如我们接到需求，为一款年轻化社交App设计一套结果反馈弹窗，反馈结果包括任务已超时、机会已用完和账号已锁定，那么我们应该怎样着手进行设计呢？

第一步，反馈结果设计解析。

老规矩，先思考再设计。面对这三个反馈提示，在正式开始设计前我们要先考虑清楚这些反馈提示是在哪些场景中出现。此外，还要思考这些反馈结果能否用具体的图形化元素展现出来，确保反馈结果清晰易懂。

设计思考过程中，可以利用头脑风暴、浏览设计网站等方法发散想法、搜集素材和灵感。回到需求中，我们对这三个反馈结果进行设计解析，解析结果如下。

任务已超时：重点体现时间概念，用时钟、沙漏等图形表示；

机会已用完：重点体现机会，用摇骰子、翻卡等图形表示；

账号已锁定：重点体现锁定的概念，用锁头图形来表示。

通过这样的设计解析，每种反馈结果都有了具体的图形来表达含义，有了图形化的元素就可以利用Midjourney来出图了。

第二步，文本描述。

首先用沙漏代表任务已超时作为示例来进行演示，按照"主体描述+风格设定+图像参数"的描述词结构，主体部分就是沙漏图标，再依次补充主体的属性和材质、想要的出图风格以及图像的质量等描述，整理得到的文本描述如下表所示。

主体描述		风格设定		图像参数	
主体	一个沙漏图标	风格描述	3D，等距	图像精度	高清，高质量
颜色	蓝绿色	环境背景	白色背景	图像质量	8K
属性	透明质感	参考风格	UI，Dribbble，Behance，C4D	渲染参数	工作室灯光，OC渲染
材质	玻璃材质			模型	Niji5

完整的英文描述如下：

An hourglass icon, light sapphire blue and light green, glass, transparent, ui design, isometric, white background, studio lighting, 3D, C4D, OC render, Dribbble, Behance, high detail, 8k --niji 5

第三步，AI出图。

在Midjourney中输入整理好的文本描述，生成的沙漏效果如下图所示。因为这次也是直接采用文生图的方法，所以最好多跑一些图，直到生成造型、颜色和质感符合要求的图像。如果在出图过程中，生成的图片和预期效果差别很大，可以修改文本描述或者调整文本描述之间的顺序，反复尝试几次，得到的图片效果会有很大的差别。

沙漏素材生成之后，按照刚才的文本描述，把主体部分沙漏（hourglass）依次替换为骰子、锁，再继续生成其他的图形素材。

首先将主体描述沙漏（hourglass）替换为骰子（dice），得到的文本描述为：

A dice icon, light sapphire blue and light green, glass, transparent, ui design, isometric, white background, studio lighting, 3D, C4D, OC render, Dribbble, Behance, high detail, 8k --niji 5

骰子出图效果如下图所示。

再将主体描述替换为锁（lock），得到的文本描述为：

A lock icon, light sapphire blue and light green, glass, transparent, ui design, isometric, white background, studio lighting, 3D, C4D, OC render, Dribbble, Behance, high detail, 8k --niji 5

锁出图效果如下图所示。

第四步，图片筛选及设计排版。

代表不同结果的三种图像全部生成之后，还需要对这些图进一步地筛选，选出效果相对较好的三张图，如下图所示。将筛选好的图放到去背景软件中去除背景，作为备用。利用这套文本描述生成的图片，颜色上很统一，这样更方便后期进行设计应用。

沙漏　　　　　　　　　骰子　　　　　　　　　锁

　　筛选好图片素材后，下面先以任务超时弹窗为例，对弹窗进行设计合成。依次将生成的沙漏图形、提示文案和操作按钮导入设计软件中进行合成排版。考虑到设计对象是一款年轻化的产品，因此在弹窗外形可以加入一些个性化的设计，比如将弹窗设计成书签的样式，以此增加弹窗的趣味性和活泼感。在设计合成时，如果觉得沙漏图形比较单调，可以为沙漏添加投影和环绕线条等装饰元素，进一步丰富画面。

　　最后为文案添加蓝紫色的渐变，为按钮添加橘红色的渐变，让两部分内容形成对比，这种颜色上的对比能让整个弹窗看起来更加吸引人，避免出现画面单调的情况。经过这样的设计思考和排版合成，一个任务超时弹窗就设计完成了。

　　按照这个设计合成思路，将筛选好的另外两个图片素材导入设计软件中，为了保持一致性，整套弹窗使用相同的设计排版。分别将弹窗中的主体图形进行替换，为每个图形搭配对应的结果反馈提示文案，最后加上操作按钮，一套结果反馈弹窗就设计完成了。

整套弹窗设计好之后，将弹窗添加到手机模型中，快速预览弹窗在真实页面中的应用效果，如下图所示。在预览时，我们能清晰地对比已经合成好的弹窗，确保整套弹窗颜色风格保持统一，弹窗中的主体图形保持相同的大小比例，让整套弹窗看起来更和谐。

3.3　图标设计

3.3.1　图标基础介绍

在本节中，我们将探讨八种当下比较流行且能适用于绝大多数产品的图标设计风格，分别是：扁平风格、霓虹渐变风格、轻拟物风格、玻璃拟态风格、2.5D等距风格、3D卡通风格、插画风格和主题运营风格。通过深入分析这些图标的风格特点，并结合Midjourney进行出图设计，为大家提供一套不同风格图标的分析思路和设计方法。

在使用Midjourney进行图标设计的过程中，主要分为两个关键步骤：①对图标设计风格进行分析，从颜色、形状、轮廓、填充等方向分析图标的风格特点，沉淀出一些适用于这种风格的通用文本描述；②根据具体的主题和需求，在通用的文本描述基础上进行扩展和完善，使用Midjourney快速生成不同主题的设计案例。

掌握了这种方法，我们能更灵活地进行出图和设计，而不仅仅是拘泥于记住某种特定风格的文本描述，遇到其他风格的图像就不会生成的情况。同时，不仅仅生成一个单独的图标效果图，而是生成一套风格统一、可直接落地使用的图标合集。

接下来将逐一分析这些图标设计风格，并结合Midjourney进行实际操作，让我们一起探索和学习吧。

3.3.2　扁平风格

扁平图标是产品中最常见到的图标设计风格，注重图形的简化，能够清晰直接地表达含义，因此受到用户的广泛关注和使用。它强调使用二维形状、颜色和文字等基本元素来传达信息和构建界面，避免使用阴影、渐变和纹理等能够增加视觉复杂性的效果。这种设计风格强调图标的可识别性和可读性，使其在各种设备和屏幕尺寸上都能够清晰地呈现。

第一步，特点分析。

扁平风格图标在设计中通常又细分为线性、面形和线面结合等不同的类型，其特点通常涵盖以下几个方面。

形状简化：图标以简化的几何形状为特点，避免了过多的细节和立体感。通常使用基本的图形元素，如矩形、圆形和三角形，强调图标的清晰度和轮廓。

颜色对比：图标通常采用饱和的、明亮的颜色，以提高可识别性和吸引用户的注意力。

去除阴影：扁平风格图标通常没有立体感的阴影效果，而是在二维平面上使用颜色和线条来表示物体的形状和位置。

最小化细节：扁平风格避免了过多的细节，保持了图标的简洁性，使其在移动端小尺寸的设计中仍然可识别。

扁平风格图标设计在现代的UI设计中非常流行，因为它能够为产品提供一种简洁、直观和现代化的外观，并且能够提高用户与界面之间的交互体验。

知道了扁平风格图标的特点后，从这些特点沉淀出一些通用的文本描述：扁平flat、极简minimalistic、描边stroke、线条line、简洁clean。有了这些通用的文本描述作为引导，接下来开始尝试用Midjourney进行出图设计。

第二步，文本描述出图。

在出图前首先要确定设计目标，本次的设计案例是一款动物主题的扁平风格图标，主体是一个小狗形象，可用于宠物相关的产品或服务。

确定好主体形象后，接下来需要确定风格元素，例如线性风格、轮廓描边、扁平风格等。图标往往需要设计一整套才能更好地满足使用需求，所以可以指定图标数量，添加关键词"a set of+数字"来指定一次生成的图标数量。

初步整理得到的文本描述如下：

Linear icons of dog, a set of 9, 5 px strokes, flat style, white background, UI design, Dribbble

在出图模型的选择上，V6模型和Niji6模型都能生成扁平风格的图标，分别尝试两种模型的出图效果。

V6模型生成的效果如下图所示。

Niji6模型生成的效果如下图所示。

虽然使用了同一套文本描述，但发现两种模型的生成效果差别还是很明显的。使用V6模型生成的图标形状和神态更丰富，使用Niji6模型生成的图标更简洁和可爱一些，具体使用哪种模型需要根据产品风格统一来定。

如果觉得上面生成的图标没有特点，可以尝试把主体部分调整为用户更熟悉的形象。例如把描述词dog替换为husky（哈士奇），调整得到的文本描述为：

Linear icons of husky, a set of 4, 5 px strokes, flat style, white background, UI design, Dribbble --v 6

生成的哈士奇图标如下图所示。

通过调整主体描述，就能得到多种多样的哈士奇图标，把这样的图标融入设计中，会让产品更具趣味性，更容易吸引用户的注意力。此外，还可以调整为其他动物主题，例如这里把描述词husky（哈士奇）替换为tiger（老虎），替换后的文本描述为：

Linear icons of tiger, a set of 4, 5 px strokes, flat style, white background, UI design, Dribbble --v 6

生成的老虎图标如下图所示。

第三步，变换主题灵活出图。

掌握了上面的出图方法后，我们可以继续尝试生成更多其他主题的图标。例如再生成一套食物主题的扁平图标，完整文本描述：

food app icons, a set of 9, white background, modern, minimalistic, UI, UX, design, app, clean fresh design

生成的食物图标如下图所示，属于没有轮廓描边的面性图标效果。

如果产品的主题色是橙色，想得到一套有轮廓描边的食物图标，需要如何编写描述词呢？其实方法很简单，只需要在刚才的描述中添加描述词orange line即可，添加后的描述词如下：

food app icons, orange line, a set of 9, white background, modern, minimalistic, UI, UX, design, app, clean fresh design

生成的图标如下图所示，能看到图标颜色很统一，都带有橙色的轮廓描边。

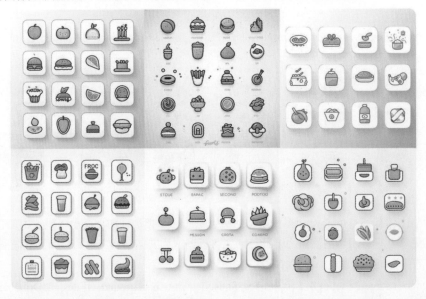

将生成的面性食物图标和线性食物图标分别导入设计软件中进行排版和UI设计，得到如下图所示的UI页面。通过两张页面的对比能看到，面性图标看着更精致，适合用在沉稳的产品中，而线性图标看着更可爱，适合用在年轻化的产品中。

面性图标效果　　　　　　　　　　　　　线性图标效果

综上所述，在图标设计中仅对同一组描述词进行灵活调整，就能生成不同主题和效果的图标素材，极大提升了设计效率。在设计中我们可以灵活运用这种方法到更多设计场景中。

3.3.3　霓虹渐变风格

霓虹渐变风格的图标是一种以线性渐变为主，通常呈现出高饱和度、鲜艳色彩、亮眼灯光效果的现代设计风格。这类图标设计利用颜色的流畅过渡，形成一种光影交错、闪烁炫目的视觉效果，给人带来活力感和未来感。

第一步，特点分析。

霓虹渐变风格的图标设计具有以下特点。

对比度高：通常使用高对比度的色彩搭配，以产生强烈的视觉冲击力。

线性渐变：使用线性渐变来构建颜色的平滑过渡，形成一种光影交错的效果。

色彩鲜艳：通常使用鲜艳、高饱和度的色彩，以产生一种充满活力和青春的气息。

灯光效果：这种风格的图标通过添加亮眼的光影效果来增强图标的未来感。

形状简洁：采用简洁的形状和线条，以突出图标的现代感和未来感。

在App设计中，霓虹渐变风格的图标常用于以下场景：

使用霓虹渐变风格的图标作为启动画面，给用户留下深刻的第一印象；用于菜单和导航栏中，以吸引用户的视线并引导他们进行操作；用于状态指示符设计，例如加载指示符或通知指示符，可以吸引注意力并传达状态信息。

介绍完图标的特点和应用场景后，我们试着提炼出一些符合图标特点的描述词描述：霓虹neon、霓虹灯neon light、色彩鲜艳colorful、渐变gradation。利用这些描述词作为引导，接下来进入设计实践环节。

第二步，文本描述出图。

霓虹渐变风格通常搭配深色背景使用，利用颜色的明暗对比来凸显效果。本次案例以一套快餐主题的霓虹渐变图标为例，用来表达夜宵、深夜食堂等产品概念。这里需要设计一整套风格一致的图标，可以添加文本描述"a set of+数字"来指定每次生成的图标数量。确定好图标主题，再结合上面提炼出来的霓虹渐变风格文本描述，尝试得到完整的文本描述如下：

Fast food neon icons, a set of nine, colorful, gradation, neon light, dark background

在Midjourney中输入文本描述，生成的快餐图标如下图所示。

在Midjourney中每次生成一组共四张图像，每张图像里有九种不同品类的快餐图标。因为主题描述词是快餐（fast food），其中包含了多种品类，所以只需要从这些品类中挑选出效果较好的图即可。出图完成后，接下来还需要对图标进行筛选，选出风格、细节、造型等都符合要求的图标组成一套完整的霓虹风格的快餐主题图标。

如果想要生成某种特定品类的食物图标，需要怎么实现呢？只需要把描述词中的快餐（fast food）替换为这种品类的描述词，例如蛋糕、汉堡、薯条等，这样Midjourney就会能根据描述生成这种品类的图。

例如，想生成以蛋糕为主题的霓虹渐变图标，将蛋糕（cake）加入到文本描述中，得到的完整描述为：

Cake neon icons, a set of nine, colorful, gradation, neon light, dark background --niji 6

将文本描述导入Midjourney中进行出图，生成的蛋糕图标如下图所示。

从生成的素材图能看到，里面包含了各式各样的蛋糕图标，只须从中筛选出适合使用的素材即可。将挑选好的图标导入设计软件中进行排版设计，为图标加上对应的名称，搭配上具有冲击力的蓝紫色渐变背景，一套霓虹渐变风格的图标设计就完成了，效果如下图所示。可以将这套图标放到App首页作为功能入口，也可以作为首页的胶囊广告位，吸引用户点击和查看。

3.3.4　轻拟物风格

轻拟物风格是一种轻量化、简约化的图标设计风格，结合了扁平设计和拟物化设计的特点。这种设计风格是对传统拟物化设计的一种演变，通过简化、抽象、概括的手法，将复杂的真实物体转化为简洁的图形元素，同时保留了一些拟物化元素，但省略了阴影、厚度和细节，使图标看起来更加简约。

第一步：特点分析。

轻拟物风格的图标设计具有以下特点。

简约化：在保留基本特征的同时，省略了多余的细节和装饰元素，以减少复杂性。图标可能会省略某些特征，如细微的纹理或阴影效果，以简洁的线条和形状来表现。

扁平化：轻拟物风格的图标通常具有扁平设计的特征，即没有阴影或立体感。采用明确的色彩和简单的形状，使图标看起来更加现代化。

概括化：通过对真实物体的概括和总结，通常采用简洁的图形或符号表现出物体的主要特征，从而让用户能够快速识别和理解图标的含义。

色彩简单：轻拟物风格的图标通常采用明亮、饱和的颜色，利用简单的色彩搭配突出图标的形状和线条，增强图标的辨识度和吸引力。

总的来说，轻拟物风格的图标设计取得了平衡，既保留了一些拟物化元素，又注重扁平设计的简洁性和现代感。凭借着清晰的可读性和新颖的视觉效果，这种风格广泛应用在许多产品和网站中。

根据图标的特点，我们尝试从中提炼一些通用的文本描述：明亮的色彩bright color、质感clay material、亚光效果matte。

第二步，文本描述出图。

本次案例是一套以数码产品为主题的轻拟物风格图标设计，包含的图标包括耳机、智能手表、VR眼镜、音箱等数码产品。首先以"耳机"图标为例，按照"主体描述+风格设定+图像参数"的描述词结构，分析需要用到的描述词。

图标主体：一个耳机图标；

图标颜色：使用明亮、鲜艳的色彩来凸显图标的效果（如蓝色、紫色）；

图标质感：体现图标的哑光质感，轻拟物化图标通用的黏土质感；

图标参数：细节要丰富，图标质量高。

整理得到的耳机图标文本描述如下：

a headset, bright blue and light purple, icon design, clay material, in 2d isometric shape, light color, matte texture, rounded corner design, white background --niji 6

在Midjourney中输入这些文本描述，生成的轻拟物化耳机图标如下图所示。

经过多次出图后，能看到生成的图标有一些磨砂质感，蓝紫色的颜色搭配体现出科技感和未来感，整体效果符合预期要求。

接下来就可以用整理好的文本描述，继续生成其他产品的图标。为了确保能生成风格统一的一整套图标，我们只需要将文本描述中的主体部分耳机（headset）替换为鼠标、音箱、无人机、智能手表、VR眼镜等其他物体，其余的文本描述保持不变。

先将主体描述替换为鼠标（mouse），得到的文本描述为：

a mouse, bright blue and light purple, icon design, clay material, in 2d isometric shape, light color, matte texture, rounded corner design, white background --niji 6

鼠标出图效果如下图所示。

将主体描述替换为音箱（sound box），得到的文本描述为：

a sound box, bright blue and light purple, icon design, clay material, in 2d isometric shape, light color, matte texture, rounded corner design, white background --niji 6

音箱出图效果如下图所示。

将主体描述替换为无人机（drone），得到的文本描述为：

a drone, bright blue and light purple, icon design, clay material, in 2d isometric shape, light color, matte texture, rounded corner design, white background --niji 6

无人机出图效果如下图所示。

将主体描述替换为手表（watch），得到的文本描述为：

a watch, bright blue and light purple, icon design, clay material, in 2d isometric shape, light color, matte texture, rounded corner design, white background --niji 6

手表出图效果如下图所示。

将主体描述替换为VR眼镜（VR glasses），得到的文本描述为：

a VR glasses, bright blue and light purple, icon design, clay material, in 2d isometric shape, light color, matte texture, rounded corner design, white background --niji 6

VR眼镜出图效果如下图所示。

将主体描述替换为播放器（MP3 player），得到的文本描述为：

a MP3 player, bright blue and light purple, icon design, clay material, in 2d isometric shape, light color, matte texture, rounded corner design, white background --niji 6

播放器出图效果如下图所示。

所有主题的图标全部生成之后，还需要对这些图标进行筛选和调整，分别挑选出效果最好的图标组成一套完整的数码产品图标套图。

图标素材筛选完成后,接下来对图标进行设计排版,通过Midjourney生成的轻拟物风格图标细节已经很丰富了,因此在排版时不需要再为图标添加过多的装饰,避免页面信息混乱,无法突出重点。

在排版时,为每个图标搭配上相应的主题文案,再用卡片将这些元素组合到一起,一个简洁美观的UI卡片就设计完成了,合成效果如下图所示。这种规范的UI卡片设计能够灵活地应用在很多页面场景中。例如,将卡片放在App首页的金刚区作为功能入口使用,还可以用在页面的横幅banner或者弹窗中,作为提示元素使用。

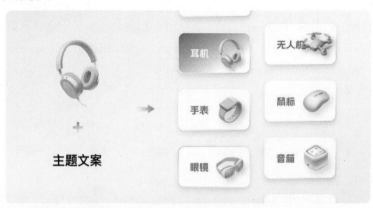

除了作为小的功能入口使用外,还可以考虑将图标的尺寸放大,作为主体物用在产品详情页中。尺寸的增加让图标的细节和质感也被放大,整个页面更具有视觉冲击力,只需要搭配上简单的交互,就能得到一个效果很棒的产品详情页面。

第三步,变换主题。

轻拟物风格的图标在产品设计中应用很广泛,掌握了科技数码主题的图标设计后,接下来变换主题,继续探索轻拟物风格图标的其他设计案例。

在开始设计前,需要明确设计的主题和目标。第二个设计案例是一套中国传统主题的轻拟物古风图标,目标是为用户提供一种直观、美观的方式来表示传统元素的主题和意境。接下来需要选择合适的视觉元素和色彩。在视觉元素的选择上,可以考虑使用中国传统中的符号、元素或物品作为灵感,让视觉元素更独特和富有表现性,如传统物件、传统图案、传统建筑等。

先以具有代表性的传统折扇作为示例,整理出图需要的文本描述:

A Chinese traditional folding fan, Traditional Chinese color, Light texture, frosted glass effect, simple and bright background, High quality with extreme details, 3D --niji 6

在Midjourney中输入这些文本描述,生成的折扇图标如下图所示。

在出图过程中，有些图可能会存在缺陷或者瑕疵，例如扇面和扇骨出现错位或者没有很好地贴合在一起。这些有问题的图无法直接使用，后期二次修改的成本也很高，因此在出图过程中需要多次刷新出图，再从中选择出最合适的图片素材。

折扇图标生成之后，将文本描述中的折扇（folding fan）替换为其他传统元素，继续生成风格统一的古风图标。

先将主体描述替换为灯笼（lantern），得到的文本描述为：

A Chinese traditional lantern, Traditional Chinese color, Light texture, frosted glass effect, simple and bright background, High quality with extreme details, 3D --niji 6

灯笼出图效果如下图所示。

将主体描述替换为莲花（lotus flower），得到的文本描述为：

A Chinese traditional lotus flower, Traditional Chinese color, Light texture, frosted glass effect, simple and bright background, High quality with extreme details, 3D --niji 6

莲花出图效果如下图所示。

将主体描述替换为锦囊（silk bag），得到的文本描述为：

A Chinese traditional silk bag, Traditional Chinese color, Light texture, frosted glass effect, simple and bright background, High quality with extreme details, 3D --niji 6

锦囊出图效果如下图所示。

将主体描述替换为紫砂壶（Yixing clay teapot），得到的文本描述为：

A Chinese traditional Yixing clay teapot, Traditional Chinese color, Light texture, frosted glass effect, simple and bright background, High quality with extreme details, 3D --niji 6

紫砂壶出图效果如下图所示。

将主体描述替换为印章（signet），得到的文本描述为：

A Chinese traditional signet, Traditional Chinese color, Light texture, frosted glass effect, simple and bright background, High quality with extreme details, 3D --niji 6

　　印章出图效果如下图所示。

　　将主体描述替换为香炉（censer），得到的文本描述为：

A Chinese traditional censer, Traditional Chinese color, Light texture, frosted glass effect, simple and bright background, High quality with extreme details, 3D --niji 6

　　香炉出图效果如下图所示。

　　将主体描述替换为鼓（drum），得到的文本描述为：

A Chinese traditional drum, Traditional Chinese color, Light texture, frosted glass effect, simple and bright background, High quality with extreme details, 3D --niji 6

　　鼓出图效果如下图所示。

依次替换主体描述词生成图标之后，还需要对生成的图进行筛选和调整，确保整套图标在风格、颜色上保持一致，以创造统一的视觉效果。以下是从生成的图中筛选出的一套效果较好的古风图标，筛选后还需要对图标进行去背景的处理，方便后面进行设计应用。

古风图标特点鲜明，适合应用在与传统文化相关的产品或者页面设计中，凸显产品的调性。这里以生成好的折扇图标为例，探究如何将古风图标应用到页面中。

首先为折扇图标搭配上主题文案和说明，再利用卡片将图标和文案左右组合在一起。在设计排版时，需要格外注意字体的使用和颜色的搭配。为了能突出传统风格，字体上可以选择书法字体，例如楷书、行书等，以此呼应主题；配色上可以选择具有中国风的传统配色，庄重而沉稳。通过形、字、色三方面的结合，就能得到一个具有鲜明古风特征的UI卡片设计，如下图所示。

除了左文右图的排版布局，还可以将卡片变高形成上文下图的布局，例如下图中的莲花图标UI卡片。考虑到莲花图标的尺寸较大，在排版设计的时候将莲花图标延伸到了卡片之外，这样不仅能展示更多的图标细节，还能通过打破界限的方式让页面变得更耐看。

将设计好的古风卡片组合到一起作为页面中的金刚区或者功能入口，再为整个页面背景添加传统配色和书法字体的标题，一个古色古香的传统风格页面就设计完成了。

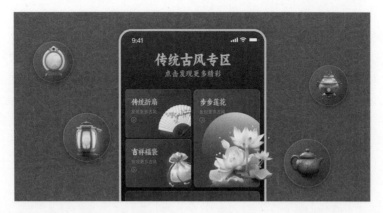

生成传统古风图标需要耗费较多的时间和精力，但最终的设计应用效果跟付出是成正比的，能为产品、网站或项目增加独特的效果和视觉感染力。

3.3.5　玻璃拟态风格

在设计中，玻璃拟态质感是一种使用透明度和反射效果来模拟玻璃物体表面的设计风格。这种设计方法主要通过视觉效果和图形元素，传达出一种现代、简洁和时尚的感觉。

第一步，特点分析。

玻璃拟态质感的图标设计具有以下特点。

透明度：玻璃拟态质感的图标通常使用透明度来增加图标的层次感和深度。通过降低背景或图标的透明度，可以让图标看起来更加立体和生动。

反射效果：玻璃拟态质感的图标会经常使用反射效果来模拟玻璃表面的光泽感。通过在图标上添加反射阴影或高光，可以让图标看起来更加逼真，有一种立体感。

平滑质感：玻璃拟态质感图标通常采用平滑的质感来强调玻璃的细腻和光滑。这种设计方法通常会使用柔和的色彩和光泽，来突出图标的细腻质感。

渐变模糊：利用颜色渐变来模拟光线的折射，使图标呈现出丰富的颜色层次，也会使用一些模糊处理，模拟玻璃表面的模糊效果，使整体更加柔和。

了解清楚玻璃拟态质感的特点后，我们可以根据这些特点沉淀出一些通用的文本描述：拟态Glassmorphism、磨砂Frosted、渐变Gradient、亮色Bright color。

有了这些通用的文本描述作为辅助，在设计中可以更准确地表达玻璃效果，接下来就开始着手设计吧。

第二步，文本描述出图。

首先要明确设计目标，定义图标的主题和用途，本次分享的案例是一套在娱乐产品中使用的提示图标。我们先以爱心图标为例，按照"主体描述+风格设定+图像参数"的描述词结构，分析一下需要用到的设计参数。

图标主体：一个爱心形状的卡通图标；

图标颜色：考虑使用适合玻璃材质的颜色方案，选择明亮而清晰的颜色，以凸显图标的透明感；

图标质感：体现图标的磨砂质感，模拟玻璃表面的反射和折射，增加立体感；

图标参数：体现玻璃材质常用的渲染参数，例如3D渲染，工作室灯光，高质量图像等。

经过整理得到的爱心图标文本描述如下：

A cute heart icon, red-white gradient, glassmorphism, Frosted glass, Bright color, Studio lighting, white background, blender, Oc renderer, High quality, 8K --niji 6

在Midjourney中输入整理好的文本描述，生成初步的玻璃拟态图标设计。图标生成后，需要检查生成的图标效果，查看是否需要调整透明度、光影等参数，以确保玻璃效果达到预期，使图标看起来更加真实。另外还需要仔细检查图标的细节，确保整体效果更符合设计要求。经过多次出图和调试后，最后生成出来的爱心图标如下图所示，整体效果符合预期的要求。

接下来就可以用这段验证过的文本描述，继续生成其他主题的图标。为了能生成一套统一的图标，只需要将文本描述中主体部分的爱心元素（A cute heart icon）替换为铃铛、花瓣、星星等其他元素，其余的文本描述保持不变。

首先将主体描述替换为花瓣（A cute flower icon），得到的文本描述为：

A cute flower icon, red-white gradient, glassmorphism, Frosted glass, Bright color, Studio lighting, white background, blender, Oc renderer, High quality, 8K --niji 6

花瓣图标出图效果如下图所示。

将主体描述替换为铃铛（A bell cartoon icon），得到的文本描述为：

A bell cartoon icon, red-white gradient, glassmorphism, Frosted glass, Bright color, Studio lighting, white background, blender, Oc renderer, High quality, 8K --niji 6

铃铛图标出图效果如下图所示。

将主体描述替换为星星（A cute star icon），得到的文本描述为：

A cute star icon, red-white gradient, glassmorphism, Frosted glass, Bright color, Studio lighting, white background, blender, Oc renderer, High quality, 8K --niji 6

星星图标效果如下图所示。

出图完成后，进一步筛选生成好的玻璃拟态图标，从中筛选出风格、造型较为统一的素材组成一套完整的图标，确保图标与整体UI设计风格一致。

| 爱心 | 花瓣 | 铃铛 | 星星 |

图标生成并处理好后，接下来开始对图标进行设计合成。我们先以爱心图标为例，采用左文右图的排版方式，为图标添加主标题和副标题，考虑到图标的主题色为红色，在设计合成时可以将标题的颜色也改为红色，或者添加同色系的标签，这样能更好地和爱心图标相呼应。最后用浅色的背景将这些元素组合到一起，一个简洁但有质感的UI卡片就设计完成了。

主标题/副标题

利用同样的方法，依次完成花瓣图标、铃铛图标和星星图标的设计合成。四个图标UI卡片全部合成后，将它们导入到页面中，进行整个页面的设计排版。

将合成好的四个UI卡片放在页面中央作为金刚区，为用户提供不同的功能入口，再为页面添加上标题和说明文案，整体采用居中的方式，最后再测试合成的页面在多种场景下的可识别性和美观度，一个玻璃拟态风格的UI页面就设计完成了。

整个设计的过程需要设计师不断进行审美判断和微调，以确保最终生成的玻璃拟态图标符合设计标准且在实际应用中能够表现出色。

3.3.6 2.5D等距风格

2.5D等距风格图标是一种结合了二维（2D）和三维（3D）元素的设计风格。它并非真正的三维设计，而是通过透视和投影等效果模拟出立体感，在二维平面中呈现出类似于三维透视的感觉，使图标在视觉上更具吸引力和深度感。

第一步，特点分析。

2.5D等距风格的图标设计具有以下特点。

透视效果：2.5D风格的图标具有透视效果，这使得图标在纵深上呈现出大小变化，增强了空间感和立体感。尽管使用了透视，2.5D等距风格仍然保留了扁平化设计的元素，如简洁的形状、清晰的边界和饱和的颜色。

独特的视觉：2.5D图标通常具有独特的视觉风格，如手绘、卡通、抽象等。这些风格可以增加图标的辨识度和个性化特点，使其在界面中更加突出。

层次效果：设计中常使用阴影、高光和不同层次的元素来增加深度感，突出图标的轮廓和立体感，让图标看起来更加立体化。与传统3D图标不同，2.5D图标避免出现过多的细节，以保持简洁性和清晰性。

情感化表达：2.5D图标可以通过其形状、颜色和纹理来传达情感。例如，使用温暖的色调和柔软的纹理可以表达友好和轻松的情感，而冷色调和硬朗的纹理则可以传达专业和严肃的情感。

2.5D风格图标在近年来变得越来越流行，它融合了扁平设计的简洁性和3D设计的深度感，为用户提供了更多的趣味性和视觉吸引力。这种风格特别适合用于游戏化的运营活动和产品中，为界面增加独特的视觉效果。分析完2.5D等距风格的特点后，根据这些特点沉淀出一些通用的文本描述：等距isometric、卡通cartoon、柔和soft。

第二步，文本描述出图。

经过分析能看到，2.5D等距风格更适合于那些需要强调视觉深度和立体感的主题与设计情境。游戏和娱乐应用更适合使用2.5D设计风格，进而为此类应用增添一种吸引力和立体感。这种风格可以用于游戏图标、角色和场景设计等。

本次分享的案例是一套在汽车模型电商产品中使用的2.5D汽车图标，借助Midjourney生成一系列不同类型的汽车。先以"出租车"图标为例，按照"主体描述+风格设定+图像参数"的描述词结构，分析一下需要用到的文本描述。

图标主体：一个橙白色的出租车；

图标风格：偏可爱卡通的风格，类似皮克斯动画风格，指定明确的风格参考；

图标参数：2.5D等距视图，柔和的光影效果。

为了能让生成的图标都能在画面中央，可以在文本描述中加入"居中"指令，最后整理得到的"出租车"图标文本描述如下：

orange and white Taxi, Cute, Tiny, Cartoon, white background, isometric, Pixar, Soft smooth lighting, Soft color palette, centered --v 6

在Midjourney中输入文本描述，生成的2.5D出租车图标效果如下图所示。

从生成的图中能看到，出租车图标的角度和风格几乎没有瑕疵，每个图标都属于能直接应用到页面中的水平。生成的这组图标虽然看起来很相似，但每个出租车图标的细节又完全不一样，例如出租车的造型、车身图案等，不得不感叹AI太强大了！

接下来将文本描述的主体描述橙白色出租车（orange and white Taxi）替换为其他类型的汽车，再为每一种车型匹配合适的颜色，例如白红色的救护车、蓝白色的警车、红色的消防车等。通过为每种车型添加具有代表性的颜色，不仅能体现出每种车型的特点，让Midjourney更精准地进行出图，还方便用户快速理解每种图标的含义。

首先将主体描述替换为蓝黄色的公交车（blue and yellow Bus），得到的文本描述为：

blue and yellow Bus, Cute, Tiny, Cartoon, white background, isometric, Pixar, Soft smooth lighting, Soft color palette, centered --v 6

公交车图标出图效果如下图所示。

将主体描述替换为红白色的救护车（white and red Ambulance），得到的文本描述为：

white and red Ambulance, Cute, Tiny, Cartoon, white background, isometric, Pixar, Soft smooth lighting, Soft color palette, centered --v 6

救护车图标的出图效果如下图所示。

将主体描述替换为蓝白色的警车（blue and white Police Car），得到的文本描述为：

blue and white Police Car, Cute, Tiny, Cartoon, white background, isometric, Pixar, Soft smooth lighting, Soft color palette, centered --v 6

警车图标的出图效果如下图所示。

将主体描述替换为粉色的跑车（pink Sports Car），得到的文本描述为：

pink Sports Car, Cute, Tiny, Cartoon, white background, isometric, Pixar, Soft smooth lighting, Soft color palette, centered --v 6

跑车图标的出图效果如下图所示。

将主体描述替换为红色的消防车（red Fire Engine），得到的文本描述为：

red Fire Engine, Cute, Tiny, Cartoon, white background, isometric, Pixar, Soft smooth lighting, Soft color palette, centered --v 6

消防车图标的出图效果如下图所示。

将主体描述替换为绿白色的房车（green and white RV），得到的文本描述为：

green and white RV, Cute, Tiny, Cartoon, white background, isometric, Pixar, Soft smooth lighting, Soft color palette, centered --v 6

房车图标的出图效果如下图所示。

将主体描述替换为灰色的油罐车（deep grey and white Tanker），得到的文本描述为：

deep grey and white Tanker, Cute, Tiny, Cartoon, white background, isometric, Pixar, Soft smooth lighting, Soft color palette, centered --v 6

油罐车图标的出图效果如下图所示。

不同类型的汽车图标全部生成后，对这些图进行进一步的整理和筛选，考虑到用户友好原则，确保挑选出来的图标能在页面中表现出清晰的可识别性，以便用户能够理解图标的含义。

从生成的图中选出角度、造型结构、风格等一致的图标，组成一套2.5D汽车主题图标。因为筛选出的图标都带有不同颜色的背景，为了后面能更灵活地运用到产品页面中，可以提前对筛选好的汽车图标进行去背景处理，效果如下图所示。

接下来将处理好的汽车图标导入设计软件中进行排版。首先为每种车型设计一个车型展示卡片，根据每个车型的颜色搭配对应的颜色。例如：为出租车搭配橙色的渐变效果，为房车搭配绿色的渐变效果，这样的设计能让整个UI组件看起来更协调和统一，还能更好地凸显出汽车图标。车型展示卡片设计如下图所示。

车型展示卡片设计好之后，继续为每种车型设计一个车模售卖卡片。以消防车图标为例，为图标添加相应的文字说明和价格，再加上有设计感的环形装饰，一个车模售卖卡片就设计完成了，效果如下图所示。

两种类型的控件全部设计完成后，先将全部的车型展示卡片组合到一起，得到车模之家的主页面，用来展示每种车型；再将全部的车模售卖卡片组合到一起，得到车模的售卖页面，方便用户购买车模。经过这些设计合成步骤，一个车模电商产品的车型展示页和车模售卖页面就设计完成了，设计效果如下图所示。

2.5D风格作为扁平化设计的补充，为简洁的界面带来一种视觉上的丰富性。这种风格的图标更突出重点，并吸引用户的注意力，增加用户的点击欲望。

3.3.7　卡通3D风格

随着C4D、Blender等三维软件的走红，掀起了一股3D设计的热潮，很多3D风格的图标被运用到产品设计中，带来的视觉效果也是非常不错的。3D风格图标具体是指使用三维图形和立体效果来呈现图标的设计方式，利用这种设计方法创造出具有深度感和立体感的图标，为用户带来更加真实、立体的视觉体验。目前在很多产品中使用的3D风格图标偏卡通效果，省去了繁杂的细节，通过可爱、活泼、有趣的造型来传达内容，为用户带来愉悦、轻松的视觉体验。

第一步，特点分析。

卡通3D风格的图标设计具有以下特点。

立体感：通过使用3D效果来营造图标的立体感和空间感，通过使用阴影、高光等效果来增加图标的层次感。

色彩搭配：卡通3D风格的图标通常使用鲜艳、对比强烈的色彩搭配，以增强图标的吸引力和视觉冲击力，同时也能够更好地表现出图标的特征和质感。

卡通元素：使用圆润的线条和生动的造型等卡通元素来表现产品的特征，增强图标的辨识度和趣味性。

视觉效果：3D风格的图标具有高质量的视觉效果，细节丰富，色彩鲜艳，能够吸引用户的注意力并提高识别度。

根据这些特点沉淀出一些卡通3D风格通用的文本描述：3D效果、C4D/blender、卡通风格。

第二步，直播礼物图标AI设计。

第一个设计案例是一套直播间3D礼物图标设计，随着直播越来越火热，很多视频产品中的直播礼物图标的样式非常丰富，可以最大程度吸引用户的注意力。

在设计前，根据直播平台的特点和目标用户需求，确定图标的整体风格和主题。一组完整的直播礼物图标由从低级到高级一系列不同等级的图标组成，每个等级对应不同的名称和图标。首先以"啤酒"图标为例，按照"主体描述+风格设定+图像参数"的描述词结构，整理需要用到的文本描述。

图标主体：一个3D啤酒图标；

图标颜色：图标以粉色为主，黄紫色为辅，应用在深色主题设计中，视觉效果更出彩；

图标质感：卡通效果，圆润的造型，霓虹效果；

图标参数：高分辨率、OC渲染、高清质量，让图标更加逼真和具有立体感。

经过整理得到的"啤酒"图标文本描述如下：

A glass of beer, cartoon, high resolution 3D icon, sleek, pink, Yellow purple, duotone effect, black background, isometric, neon realistic, high quality, 3D, C4D, OC render, Behance, Dribbble, blender, super detail, super HD, 8k --niji 6

在Midjourney中输入文本描述词，生成的啤酒图标如下图所示。

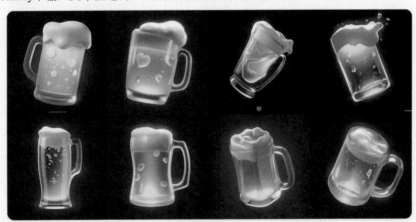

经过多次出图后，生成的啤酒图标风格、造型和质感符合预期效果。完成了最基础的礼物图标，接下来将文本描述中的主体词"一杯啤酒"（A glass of beer），依次替换为等级越来越高的礼物图标，礼物等级越高，图标的造型也会越来越夸张和复杂。

先将主体描述替换为麦克风（A microphone），得到的文本描述为：

A microphone, cartoon, high resolution 3D icon, sleek, pink, Yellow purple, duotone effect, black background, isometric, neon realistic, high quality, 3D, C4D, OC render, Behance, Dribbble, blender, super detail, super HD, 8k --niji 6

麦克风图标的出图效果如下图所示。

将主体描述替换为爱心翅膀（A love with wings），得到的文本描述为：

A love with wings, cartoon, high resolution 3D icon, sleek, pink, Yellow purple, duotone effect, black background, isometric, neon realistic, high quality, 3D, C4D, OC render, Behance, Dribbble, blender, super detail, super HD, 8k --niji 6

爱心翅膀图标的出图效果如下图所示。

将主体描述替换为玫瑰花（A rose），得到的文本描述为：

A rose, cartoon, high resolution 3D icon, sleek, pink, Yellow purple, duotone effect, black background, isometric, neon realistic, high quality, 3D, C4D, OC render, Behance, Dribbble, blender, super detail, super HD, 8k --niji 6

玫瑰花图标的出图效果如下图所示。

将主体描述替换为星愿瓶（A Bottle of Stars），得到的文本描述为：

A Bottle of Stars, cartoon, high resolution 3D icon, sleek, pink, Yellow purple, duotone effect, black background, isometric, neon realistic, high quality, 3D, C4D, OC render, Behance, Dribbble, blender, super detail, super HD, 8k --niji 6

星愿瓶图标的出图效果如下图所示。

将主体描述替换为礼花枪（A firework gun），得到的文本描述为：

A firework gun, cartoon, high resolution 3D icon, sleek, pink, Yellow purple, duotone effect, black background, isometric, neon realistic, high quality, 3D, C4D, OC render, Behance, Dribbble, blender, super detail, super HD, 8k --niji 6

礼花枪图标的出图效果如下图所示。

将主体描述替换为超级跑车（A super car），得到的文本描述为：

A super car, cartoon, high resolution 3D icon, sleek, pink, Yellow purple, duotone effect, black background, isometric, neon realistic, high quality, 3D, C4D, OC render, Behance, Dribbble, blender, super detail, super HD, 8k --niji 6

超级跑车图标的出图效果如下图所示。

将主体描述替换为直升机（A helicopter），得到的文本描述为：

A helicopter, cartoon, high resolution 3D icon, sleek, pink, Yellow purple, duotone effect, black background, isometric, neon realistic, high quality, 3D, C4D, OC render, Behance, Dribbble, blender, super detail, super HD, 8k --niji 6

直升机图标的出图效果如下图所示。

将主体描述替换为游艇（A yacht），得到的文本描述为：

A yacht, cartoon, high resolution 3D icon, sleek, pink, Yellow purple, duotone effect, black background, isometric, neon realistic, high quality, 3D, C4D, OC render, Behance, Dribbble, blender, super detail, super HD, 8k --niji 6

游艇图标的出图效果如下图所示。

将直播礼物主题图标全部生成之后，进一步筛选生成的图标，从中依次选择出风格统一、效果好的图标，统一去除背景后，组成一套精致的直播礼物图标。

将筛选好的图标导入设计软件中，为每个图标添加对应的名称和价值，按照从低到高的价值顺序，依次将生成的图标进行设计排版，最后组合形成一个直播间的礼物展示面板，效果如下图所示。

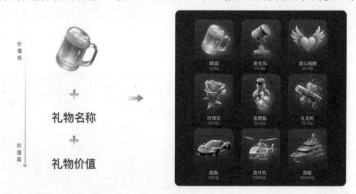

在直播间中，用户还可以点击礼物面板来为喜欢的主播进行礼物打赏，打赏的数量会同步更新到直播页面中，例如某某用户送了9个啤酒、99个爱心翅膀、999个游轮等。这里将图标和数字用可视化的方式结合在一起，就能形成一个用来展示礼物打赏数量的组件，运用到直播页面中，礼物打赏组件设计效果如下图所示。

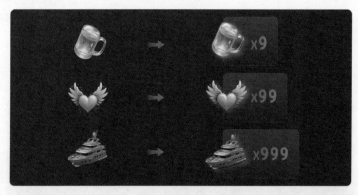

将设计好的礼物展示面板和礼物打赏组件一起导入直播页面中，设计合成直播页面的整体效果如下图所示。通过Midjourney生成的礼物图标细节很丰富，特殊的质感和风格让整个直播页面更具有吸引力。

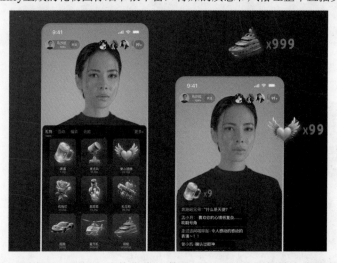

生成好的图标除了用在展示面板和礼物打赏组件外，还可以将图标放大充满整个屏幕，作为打赏特效弹窗，应用在多种直播场景中。例如下图中的爱心翅膀图标，为图标添加光圈、扩散光等发光特

效，提升图标的视觉冲击力。

将合成好的打赏特效弹窗导入直播页面中进行设计排版，排版效果如下图所示。图标尺寸的增大和发光特效的加入，使直播页面看起来更加个性化，能给用户带来更沉浸式的使用体验。

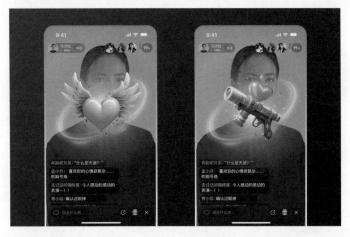

如果还想让礼物打赏弹窗效果更出彩，可以为图标添加一些动态效果，例如旋转、缩放、闪烁等，增加视觉上的吸引力和互动性。

下面来看第二个案例：食物主题图标设计。当下在很多生活类的App中会看到食物主题的3D图标，这些图标的造型通常很简单可爱，颜色鲜艳。在开始设计前，可以搜索相关主题的图标、参考其他产品的设计风格，搜集灵感和素材，为后续设计提供参考。先以属于快餐主题的"芝士汉堡"图标为例，结合上面提到的通用文本描述，整理得到的文本描述为：

A Cheeseburger, 3D icon, cute shape, 3d render, blender, OC render, white background, dribbble, social media icons, super simple, made of rubber, 8k smooth --niji 6

在Midjourney中输入文本描述生成芝士汉堡图标。

AI生成的芝士汉堡图标细节很细致，通过细节表现出食物的质感，而且图标的色彩感很强，很好地表现出食物的色彩特点。完成汉堡图标后，接下来将文本描述中的"芝士汉堡"（Cheeseburger）依次替换为其他快餐描述。

先将主体描述替换为薯条（French fries），得到的文本描述为：

French fries, 3D icon, cute shape, 3d render, blender, OC render, white background, dribbble, social media icons, super simple, made of rubber, 8k smooth --niji 6

薯条图标的出图效果如下图所示。

将主体描述替换为热狗（Hot dog），得到的文本描述为：

Hot dog, 3D icon, cute shape, 3d render, blender, OC render, white background, dribbble, social media icons, super simple, made of rubber, 8k smooth --niji 6

热狗图标的出图效果如下图所示。

将主体描述替换为披萨（Pizza），得到的文本描述为：

Pizza, 3D icon, cute shape, 3d render, blender, OC render, white background, dribbble, social media icons, super simple, made of rubber, 8k smooth --niji 6

披萨图标的出图效果如下图所示。

将主体描述替换为三明治（Sandwich），得到的文本描述为：

Sandwich, 3D icon, cute shape, 3d render, blender, OC render, white background, dribbble, social media icons, super simple, made of rubber, 8k smooth --niji 6

三明治图标的出图效果如下图所示。

将主体描述替换为寿司（Sushi），得到的文本描述为：

Sushi, 3D icon, cute shape, 3d render, blender, OC render, white background, dribbble, social media icons, super simple, made of rubber, 8k smooth --niji 6

寿司图标的出图效果如下图所示。

将主体描述替换为甜甜圈（Donut），得到的文本描述为：

Donut, 3D icon, cute shape, 3d render, blender, OC render, white background, dribbble, social media icons, super simple, made of rubber, 8k smooth --niji 6

甜甜圈图标的出图效果如下图所示。

将主体描述替换为冰激凌（Ice cream），得到的文本描述为：

Ice cream, 3D icon, cute shape, 3d render, blender, OC render, white background, dribbble, social media icons, super simple, made of rubber, 8k smooth --niji 6

冰激凌图标的出图效果如下图所示。

将主体描述替换为蛋糕（Cake），得到的文本描述为：

Cake, 3D icon, cute shape, 3d render, blender, OC render, white background, dribbble, social media icons, super simple, made of rubber, 8k smooth --niji 6

蛋糕图标的出图效果如下图所示。

替换文本描述依次将图标生成之后，从中筛选出合适的图标组成一套完整的快餐主体图标。在进行设计排版前，统一对图标去除背景，方便后面直接应用到设计中。

图标处理完成后，接下来就到了设计合成阶段。首先根据每个图标的颜色，例如汉堡的橙黄色、冰激淋的粉色，新建一个带有渐变效果的卡片，依次将图标放入卡片中，再添加对应的食物名称，组

成一套灵活的食物卡片组件，方便应用在页面中的任何地方，效果如下图所示。

除了设计成小尺寸的食物卡片组件外，还可以为图标添加相应的文案，设计成一个横版的banner轮播图。例如下图中的甜甜圈banner，采用左文右图的构图形式，将图标的尺寸放大，再添加相应的说明文案和装饰图形，一个看着很有食欲的banner就设计完成了。

将前面设计好的卡片组件和横幅banner依次导入页面中，再为页面添加上标题、搜索等元素，一个食物上新的页面就设计完成了。利用相同的方法，还可以将3D食物图标用在详情页中，图标放大展示更多的细节，为产品增添更多的趣味性，带来更好的使用体验，效果如下图所示。

通过上面两个设计案例的对比能看到，虽然两个案例同为3D风格的图标，但主题的不同能为产品带来截然不同的视觉效果。在实际的工作场景中，我们也需要从产品出发，做出最符合用户使用需求的设计。

3.3.8 插画风格

插画的融入可以提升图标设计的特征感，在设计中通常使用矢量扁平风格的插画类图标。插画风格的图标应用性虽然没有其他类型的图标那么广泛，但其特殊的设计效果依然受到很多用户的关注。

第一步，特点分析。

插画风格的图标设计具有以下特点。

色彩运用：插画风格的图标设计往往运用丰富的色彩组合，通过色彩的对比、渐变等手法来增强图标的视觉吸引力和艺术感。色彩可以影响用户的情绪和感知，因此插画风格的图标设计通常会选择与品牌或产品相符的色彩组合。

故事性：这种风格通常具有故事性，注重情感表达和故事叙述。通过图像和色彩等元素来传达特定的情感和主题。这些图标可以讲述品牌故事、传递产品特点或展示企业文化，从而与用户建立情感联系。

独特性：插画风格的图标追求独特的视觉效果，通过创意和艺术性来吸引用户的注意力。每个图标都可以成为视觉焦点，不受传统图标设计的限制，在形状、颜色和表现上有更多的自由度，为用户带来新的视觉体验。

细节表现：插画风格的图标设计注重细节表现，通过精细的描绘和纹理表现来增强图标的层次感。这种设计可以使图标更加醒目和引人入胜，同时提高图标的识别度。

根据对插画风格图标特点的总结，归纳出一些通用的文本描述：扁平插画Flat illustration、矢量vector、UI设计。

第二步，文本描述出图。

插画风格图标更容易营造出场景感，因此在遇到需要体现画面场景的图标设计需求时，可以优先考虑使用插画风格来设计。本次的设计案例是一套家居主题的插画图标，利用插画的形式表现出家中的各种生活场景，例如卧室、厨房、客厅等。首先以"卧室"为例，按照"主体描述+风格设定+图像参数"的描述词结构，分析一下需要用到的文本描述。

图标主体：卧室插画，颜色上使用对比色来增加图标效果；

图标风格：扁平矢量风格，应用在UI设计中，风格参考类似Dribbble中的插画效果。

整理得到的"卧室"图标文本描述如下：

Flat Bedroom illustration, blue and yellow, vector, white background, UI design, Dribbble

在Midjourney中输入文本描述，生成的卧室图标效果如下图所示。

考虑到图标尺寸的限制，画面中不适合表现特别烦琐的内容，因此在出图过程中需要对图标的复杂程度做出取舍。

卧室插画图标生成之后，接下来将文本描述的"卧室"（Bedroom）替换为其他室内场景，其余文本描述不用变化，继续生成其他场景的图。

先将主体描述替换为客厅（Living room），得到的文本描述为：

Flat Living room illustration, blue and yellow, vector, white background, UI design, Dribbble

客厅场景图标效果如下图所示。

将主体描述替换为浴室（Bathroom），得到的文本描述为：

Flat Bathroom illustration, blue and yellow, vector, white background, UI design, Dribbble

浴室场景图标效果如下图所示。

将主体描述替换为书房（Study room），得到的文本描述为：

Flat Study room illustration, blue and yellow, vector, white background, UI design, Dribbble

书房场景图标效果如下图所示。

将主体描述替换为厨房（Kitchen），得到的文本描述为：

Flat Kitchen illustration, blue and yellow, vector, white background, UI design, Dribbble

厨房场景图标效果如下图所示。

将主体描述替换为储藏室（Storeroom），得到的文本描述为：

Flat Storeroom illustration, blue and yellow, vector, white background, UI design, Dribbble

储藏室场景图标效果如下图所示。

将主体描述替换为餐厅（Dining room），得到的文本描述为：

Flat Dining room illustration, blue and yellow, vector, white background, UI design, Dribbble

餐厅场景图标效果如下图所示。

将主体描述替换为阳台（Balcony），得到的文本描述为：

Flat Balcony illustration, blue and yellow, vector, white background, UI design, Dribbble

阳台场景图标效果如下图所示。

将每种场景的图标全部生成之后，接下来对这些图进行筛选。虽然文本描述中颜色都是用的蓝黄色，但生成的每组图在颜色上会存在色相和明度上的差异，因此在筛选过程中需要重点关注颜色问题，筛选得到的图标效果如下图所示。

由于本次生成的图标属于插画风格，画面中体现了多种生活场景，因此无法像生成其他风格的图标那样，直接将插画的背景去除掉。

那这些插画图标需要怎样运用到页面设计中呢？我们可以换个思路，为插画图标添加圆形或者方形的外轮廓，这样插画图标看起来会更统一。在添加外轮廓的同时，可以将插画场景中的主要元素适当放大，以此突出图标的主题，例如在卧室插画图标中突出床元素、在书房插画图标中突出书桌元素、在厨房插画图标中突出灶具元素，设计效果如下图所示。通过这种方法，不仅能保留插画图标的场景，还能让插画的主题更明确。

除了为插画图标添加外轮廓，插画类图标还适合用在banner设计中。插画图标本身具有大量的细节，能体现丰富的画面场景，只需要再搭配上简洁的文案和操作按钮，一个细节丰富、主题明确的插画风格banner就设计完成了，效果如下图所示。

文案、按钮

最后将设计好的插画图标、插画banner共同导入设计软件中进行排版布局。在页面顶部添加主标题"在线展厅"，让用户能第一时间知晓这是一个什么类型的产品；将banner作为轮播的广告图放到标题下方，突出产品主题；再将圆形的插画图标依次排列到banner下方作为页面的功能入口。按照这样的设计思路，一个家居主题的页面就设计完成了。

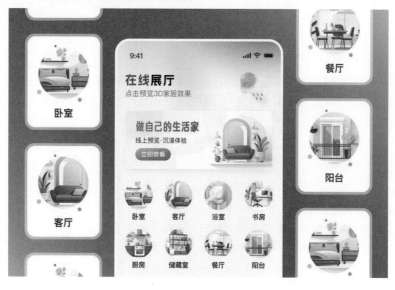

插画风格的图标设计在追求独特性、艺术性和情感表达的设计中广泛使用。这种风格可以使图标脱颖而出，传达特定的产品理念或体验，同时为用户提供独特的视觉吸引力。

3.3.9　主题运营风格

随着情感设计的普及，根据特定主题节日或活动进行图标设计的氛围强化成为一种有效的营销策略，帮助产品或品牌更好地与用户建立情感联系，传达特定的主题或庆祝活动。这种做法有助于提升用户体验，增加用户参与度，并强化产品或品牌的识别度。主题运营图标设计案例如下图所示。

第一步，特点分析。

以下是一些关于在不同节日或活动场景中设计图标的注意事项。

节日元素：根据特定节日，将相关的主题元素整合到图标设计中。如春节主题使用鞭炮、中国结等元素，中秋节主题使用月饼、孔明灯、兔子等元素。

颜色调整：对节日或活动的颜色主题使用相关的色彩来设计图标。如春节、国庆节、"双十一"使用红色为主题色，端午节使用绿色为主题色等。

视觉统一：确保整个产品或品牌的图标在特定节日或活动期间保持一致的主题和风格，以创造统一的视觉效果。

时效性：这些主题化的图标通常只在特定的节日或活动期间使用，以保持独特性和时限性。如果节日过了或者活动结束了，还需要将主题化的图标切换为常规的图标设计。

第二步，总结节日类图标文本描述方法。

考虑到不同的节日主题或活动主题对应的图标文本描述各不相同，很难用一套固定的文本描述去适用于各种活动。因此本次的设计案例先以一套春节主题的运营图标为例，总结出一套可以根据主题灵活改变文本描述的方法，以满足更多的设计场景。

（1）明确与春节主题相关的文本描述，如传统节日、春节、新年等；

（2）确定与春节主题呼应的主色调，如红色、金色等颜色；

（3）列举出能体现春节主题的元素，如灯笼、鞭炮、折扇等，使用这些具有代表性的元素能更直观地体现春节氛围。

经过上面三个步骤就能把体现春节主题元素的文本描述梳理出来。设计图标时需要简洁明了，不能过于复杂或烦琐，影响用户识别和记忆，因此可以在描述中加入"极简设计"文本描述。

我们先以能体现春节主题的"灯笼"图标为例，经过分析得到的文本描述如下：

A Chinese Traditional Lantern, UI icon design, Chinese New year, Red and bright gold, Spring Festival atmosphere, Ui design, Flat style, white background, UX, App, Minimalist -- v 5.2

如果想设计其他主题的图标，可以按照上面的步骤，将春节替换为其他节日，颜色改为适合这个节日的色调，最后找出能体现这个节日主题的元素，利用Midjourney将这些元素图标依次生成出来，这样一套其他节日主题的图标就完成了。

第三步，AI出图。

回到本次的春节主题图标设计上来，将上面整理好的灯笼图标文本描述输入到Midjourney中，分别用V5模型和Niji5模型进行出图尝试，两种模型生成的图标效果如下图所示。

v5风格　　　　　　　　　　　niji5风格

生成的灯笼图标在形状和风格上差异比较大，因此生成的过程需要设计师仔细挑选和确定图标的最终效果。确定好一个图标的效果后，其余的图标都可以参照这个效果来生成。

如果觉得文生图生成的图标效果不稳定，可以考虑使用垫图的出图方法，先找一套优秀的春节主题图标作品作为参考图，再加上我们整理好的文本描述，这样能生成形状和风格更稳定的灯笼图标。

灯笼图标生成之后，将文本描述的灯笼（Lantern）元素替换为其他能体现春节的元素，其余文本描述不用替换，继续生成其他图标。

先将主体描述替换为鞭炮（Firecracker），得到的文本描述为：

A Chinese Traditional Firecracker, UI icon design, Chinese New year, Red and bright gold, Spring Festival atmosphere, Ui design, Flat style, white background, UX, App, Minimalist -- v 5.2

鞭炮图标效果如下图所示。

将主体描述替换为折扇（Folding fan），得到的文本描述为：

A Chinese Traditional Folding fan, UI icon design, Chinese New year, Red and bright gold, Spring Festival atmosphere, Ui design, Flat style, white background, UX, App, Minimalist -- v 5.2

折扇图标效果如下图所示。

将主体描述替换为鼓（Drum），得到的文本描述为：

A Chinese Traditional Drum, UI icon design, Chinese New year, Red and bright gold, Spring Festival atmosphere, Ui design, Flat style, white background, UX, App, Minimalist -- v 5.2

鼓图标效果如下图所示。

将主体描述替换为汉服（Hanfu），得到的文本描述为：

A Chinese Traditional Hanfu, UI icon design, Chinese New year, Red and bright gold, Spring Festival atmosphere, Ui design, Flat style, white background, UX, App, Minimalist -- v 5.2

汉服图标效果如下图所示。

将主体描述替换为天坛（Temple of Heaven），得到的文本描述为：

A Chinese Traditional Temple of Heaven, UI icon design, Chinese New year, Red and bright gold, Spring Festival atmosphere, Ui design, Flat style, white background, UX, App, Minimalist -- v 5.2

天坛图标效果如下图所示。

将主体描述替换为锦鲤（Koi），得到的文本描述为：

A Chinese Traditional Koi, UI icon design, Chinese New year, Red and bright gold, Spring Festival atmosphere, Ui design, Flat style, white background, UX, App, Minimalist -- v 5.2

锦鲤图标效果如下图所示。

将主体描述替换为舞狮（Lion Dance），得到的文本描述为：

A Chinese Traditional Lion Dance, UI icon design, Chinese New year, Red and bright gold, Spring

Festival atmosphere, Ui design, Flat style, white background, UX, App, Minimalist -- v 5.2

舞狮图标效果如下图所示。

将整套的春节主题图标生成之后，对它们进行进一步的筛选，选出整体颜色、细节程度相近的图标组成一套完整的春节图标。

筛选好的图标能直接用在页面中，如果想让图标的效果更出彩，可以继续为图标添加一些传统风格的装饰性元素。考虑到本次的设计案例是春节这类传统节日，可以为生成好的图标添加传统风格的背景，进一步强化图标的节日属性。如下图所示，为灯笼图标添加黄色的传统边框，组合形成一个具有传统特点的图标。

最后将添加完背景的春节图标导入页面中，作为页面的主要功能区。为了能进一步强化节日氛围，还可以将页面中的其他元素和春节主题联合起来。例如页面中的背景图修改成和春节相关的红色背景，页面中的消息图标改为金色的传统配色，再为每个图标添加传统书法的字体，这样整个页面看起来会更统一，节日氛围也会更浓厚。

越来越多的产品会在节日或活动来临时运用特殊风格类的主题图标，这种个性化的设计能与竞品很好地区分开来，吸引更多用户的关注。

总的来说，根据特定主题设计图标可以为产品带来许多潜在的好处，例如与用户建立情感联系、增强用户的互动、提升产品识别度和用户参与度等。这种利用设计提升产品体验的过程需要设计师源源不断的创意和持续的设计打磨，过程可能很辛苦，但最后的结果一定很美好。

3.4 徽章设计

徽章通常属于产品的成长/成就体系中的组成部分，是产品用于表示用户等级、身份、成就等信息的视觉元素，通常以图标、标志或标签的形式呈现在页面中。随着产品设计越来越注重用户的使用体验和感受，徽章设计能用来突出产品的特点或表达特定的主题，能起到激励用户参与、满足成就感和提升用户归属感的重要作用。

在设计UI徽章时，有一些通用的原则可以确保徽章设计具有有效性和吸引力。以下是一些需要遵循的设计原则。

清晰度和识别性：徽章设计应该清晰明了，有较高的识别度，避免过多的细节和复杂的图形，确保用户能够快速识别出徽章代表的含义。

风格一致性：徽章的风格、颜色和图形元素需要与产品的整体风格保持一致，创造统一的视觉效果和视觉体系，以提高用户体验。

激励性：徽章设计需要具有一定的激励作用，鼓励用户提升等级或者达成成就。

吸引力：徽章设计应具有视觉吸引力，以引起用户的注意力和兴趣。这个过程可充分利用设计手法，如从徽章的颜色、形状、风格等入手。

随着互联网和移动设备的普及，徽章的设计和应用将更加多样化。根据产品需求的不同，徽章设计大致可分为等级型徽章、成就型徽章和互动型徽章等常用的类型。接下来通过多个AI设计案例，展开讲解每一类徽章的设计方法和使用场景。

3.4.1 等级徽章

用图形化的徽章来展示用户当前的等级状态是产品中最常见到的徽章应用场景。在展现等级时，徽章需要有一定的层级感，用户的等级越高，徽章设计越复杂、华丽。徽章通常按照等级的递进性进行设计，即从低级到高级。可以从徽章的颜色或形状等角度区分等级的概念，以便用户能够一目了然地了解产品的等级。

以下是等级徽章的设计切入点分析。

代表图形：等级徽章需要用有代表性的图标、图形表示等级的概念，与等级相关的图形化元素包括星星、勋章、奖杯等，等级越高，徽章的造型越复杂。

颜色差异：不同等级的徽章可以使用不同的颜色，帮助用户更容易识别其等级。例如最经典的青铜等级、白银等级、黄金等级，等级越高的徽章使用的颜色越显眼。

数字大小：等级徽章还可以用数字大小来明确表示用户的等级。例如一级会员、二级会员、三级会员，数字越大等级越高，或者用初级会员、高级会员这种描述方式来表现等级的高低。

设计案例一：会员等级徽章。

本次设计案例以一套会员体系的等级徽章为例，整套会员体系徽章包括白银会员、黄金会员、铂金会员、钻石会员、荣耀会员这五个等级。

第一步，寻找灵感确定设计风格。

需求分析：一套会员体系等级徽章，包括白银、黄金、铂金、钻石、荣耀五个会员等级徽章设计。

在设计前，需要先明确等级徽章的目的和需求，了解目标用户、会员等级体系等方面的要求。等级明确后，可以在设计网站中搜索相关的会员等级徽章作品，了解分析徽章作品的形式和风格，如徽章的颜色、质感、形式等。通过前期的设计调研和素材搜集，把值得借鉴的设计作品进行归纳整理，为接下来的出图做好准备。

第二步，垫图+文生图。

明确会员等级和设计风格后，我们先以等级较低的白银徽章开始着手设计。

首先白银等级徽章的形状采用具有代表性的五角星形状，徽章颜色选用银灰色来突出主题。徽章整体采用扁平矢量的设计风格，这样更适合应用到页面中，还可以添加一些纹理以增强徽章的质感。

按照"主体描述+风格设定+图像参数"的描述词结构，梳理得到的白银等级徽章文本描述如下：

a badge with a star, silver and navy, flat style, UI level badge, vector illustration, low poly, OC rendering, high-definition

为了让生成的徽章更精准和可控，采用垫图+文生图的方式来混合出图。将前期找好的徽章设计案例图导入Midjourney中获取参考图的URL链接，作为垫图使用。

再输入/imagine指令，输入"垫图链接+文本描述"来生成图片。如果想让生成的徽章图整体更像垫图，可以在文本描述后面加上--iw 2，加上垫图链接得到的文本描述如下：

https://s.mj.run/zIXVV6adPTo A badge with a star, silver and navy, flat style, UI level badge, vector illustration, low poly, OC rendering, high-definition --iw 2

Midjourney中生成的白银会员徽章效果如下图所示。出图风格确认后，还要仔细查看徽章的细节是否存在瑕疵，确保生成效果最好的图。

第三步，替换文本描述，生成其他等级徽章。

白银等级徽章生成之后，按照刚才的出图步骤，继续生成黄金、铂金、钻石和荣耀等级的徽章。

决定徽章等级的文本描述主要是徽章的形状、颜色、复杂程度等，所以可以让白银、黄金、铂金三个等级的徽章采用五角星的形状，钻石等级徽章采用钻石的形状，荣耀等级徽章采用奖杯的形状，逐级递增。颜色的选择则根据每种徽章的特点进行选取和搭配。在文本描述中，将主体描述部分（a badge with a star, silver and navy）进行替换，其他与徽章风格相关的文本描述不用修改，这样能生成一系列风格统一但等级不同的徽章。

在描述不同等级的文本描述时，要确保每个等级的徽章在颜色或形状上有明显的区别，以便用户一眼就能辨认出不同的等级。先将主体描述替换为黄金会员（A badge with a star, light orange and amber），得到的文本描述为：

A badge with a star, light orange and amber, flat style, UI level badge, vector illustration, low poly, OC rendering, high-definition

黄金会员徽章效果如下图所示。

将主体描述替换为铂金会员徽章（A badge with a star, purple and indigo），得到的文本描述为：

A badge with a star, purple and indigo, flat style, UI level badge, vector illustration, low poly, OC rendering, high-definition

铂金会员徽章效果如下图所示。

将主体描述替换为钻石会员徽章（A badge with a diamond, light red and dark pink），得到的文本描述为：

A badge with a diamond, light red and dark pink, flat style, UI level badge, vector illustration, low poly, OC rendering, high-definition

钻石会员徽章效果如下图所示。

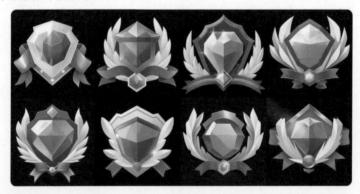

将主体描述替换为荣耀会员徽章（A badge with a trophy, light red and light gold），得到的文本描述为：

A badge with a trophy, light red and light gold, flat style, UI level badge, vector illustration, low poly, OC rendering, high-definition

荣耀会员徽章效果如下图所示。

替换垫图和文本描述依次生成不同等级的徽章之后，从中筛选出风格一致但等级不同的徽章，组成一套完整的等级徽章图，它们在整个产品中具有统一的风格和外观，有助于用户理解和识别。在进行设计排版前，统一对等级徽章去除背景，方便以后应用到设计中。

会员等级徽章生成后，接下来将徽章应用到会员卡片中。以"白银"会员卡片为例，将白银会员徽章导入设计软件中，使用浅蓝和浅紫色的渐变背景，营造出富有商务感和高级感的氛围。将徽章和对应的文字组合在一起，左边展示当前等级，右边展示目标等级所需的条件，再加上"加速升级"按钮，使用醒目的颜色和样式，吸引用户点击。

使用现代且简洁的设计风格，一个白银会员的徽章卡片就设计完成了，效果如下图所示。这个卡片不仅向用户展示当前的会员等级，提示会员升级所需的条件，还提供了升级的路径和说明。

使用同样的设计方法，按照等级依次将黄金会员、铂金会员、钻石会员、荣耀会员的会员卡片进行排版布局，得到的会员等级徽章卡片效果如下图所示。

将设计好的会员卡片导入会员中心页面中，在会员卡片下方添加当前等级下用户需要完成的每日任务。通过任务设置，激发用户活跃度，提升用户满意度。整个页面采用清晰的布局，信息展示直观，使得用户可以快速获取所需信息。黄色和浅棕色的主色调，营造出一种温暖、舒适的视觉感受，同时也传达出一种专业、可靠的产品形象，会员中心页面效果如下图所示。

使用同样的方法，完成其他等级的会员中心页面设计，其中每日任务模块的颜色需要根据每个徽章的颜色而变化，例如钻石会员中心使用粉色、荣耀会员中心使用黄色，这样更能突出当前会员的专属性。其他等级的页面设计效果如下图所示。

在会员等级徽章设计时，还需要考虑页面的吸引力、易识别性和一致性。将徽章应用在会员卡片、排行榜等设计场景中用来展示用户等级和荣誉徽章，可以激发用户的竞争意识和参与意识。

设计案例二：身份等级徽章。

案例一讲到的会员等级徽章设计主要是利用徽章颜色和形状的双重变化来区分不同的等级，从而让每个等级之间有明显的对比性。在产品设计中，另一种使用场景是整套徽章的颜色和风格保持一致，只通过徽章形状的繁简变化来区分徽章的等级，用来表示在同一个场景中或同一个状态下等级的变化。针对这种使用场景，我们以一套身份等级徽章为例，探索如何利用AI来生成颜色相同但形状不同的低、中、高三种不同等级的徽章。

先从初始身份徽章开始，考虑徽章中想要出现哪些图形元素，例如星星、钻石、张开的翅膀等；其次考虑徽章的色彩丰富程度，颜色上是用暖色还是冷色；徽章整体的风格仍采用扁平风格，方便运用到页面中。

按照"主体描述+风格设定+图像参数"的描述词结构，整理得到的初始身份徽章的文本描述如下：

Simple shape, Stars, Diamond shape, warm color wings, clean color, Rich in color, high brightness, flat style, solid color background, illustration style, symmetrical illustration, UI Medal, Cool lighting, 8k

　　采用文生图的出图方法，将文本描述放到Midjourney中查看生成的普通身份徽章效果，如下图所示。直接采用文生图的方法，生成的徽章图形不可控，容易出现结构不严谨或有问题的情况。在出图的过程中建议尝试多次出图，仔细甄别生成的图形是否可用。

　　初始身份徽章的风格和颜色确定了之后，就可以沿着这种风格继续生成中等身份和高级身份的等级徽章了。

　　为了能保持统一的风格和颜色效果，其余两个等级的文本描述不需要做太多调整，只需要在初始身份等级文本描述的基础上，把文本描述中的简单图形（Simple shape）调整为复杂图形（Complicated shape）、超级复杂的图形（Super complicated shape），利用这种简单的描述来控制图形的效果。

　　接下来将替换好的文本描述放到Midjourney中生成其余身份等级的徽章。进阶身份徽章文本描述如下：

Complicated shape, Stars, Diamond shape, warm color wings, clean color, Rich in color, high brightness, flat style, solid color background, illustration style, symmetrical illustration, UI Medal, Cool lighting, 8k

　　生成的进阶身份徽章效果如下图所示。

　　尊享身份徽章文本描述如下：

Super complicated shape, Stars, Diamond shape, warm color wings, clean color, Rich in color, high brightness, flat style, solid color background, illustration style, symmetrical illustration, UI Medal, Cool lighting, 8k

　　生成的尊享身份徽章效果如下图所示。

身份等级徽章图片生成之后，关键的一步是对这些图片进行逐层筛选，从这些图中依次挑选出能清晰表示低、中、高三个等级且徽章风格和颜色基本保持一致的徽章图片。整个挑选的过程非常考验设计师对徽章风格和细节的整体把控，确保徽章搭配起来既有对比又特别协调。

普通　　　　　　　　　　进阶　　　　　　　　　　尊享

将生成的三个身份等级徽章导入设计软件，进行三个不同身份的等级卡片UI设计。在卡片的显著位置展示身份等级名称和等级徽章，信息层次分明，能直接明了地告诉用户当前的等级，迅速获取关键信息。

在色彩搭配上，以紫色和金色为主色调，紫色传递出高贵、神秘的气息，金色增添了奢华与尊贵的感觉。这种色彩搭配使得整个卡片更加高端且专业。三个身份等级徽章的UI卡片效果如下图所示。

将设计好的身份等级徽章卡片应用到会员中心页面中。会员中心页面采用与等级卡片相似的深色设计，增加页面的沉浸感，同时在会员中心页面中添加不同身份等级的升级示意图，这样用户能直观地看到不同的身份等级，并且通过身份等级的递进，进一步激发用户的参与热情和归属感。

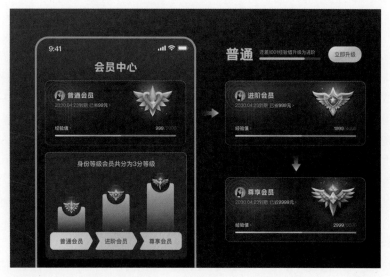

借助AI进行辅助生成的精美徽章素材图，不仅能提升设计师的工作效率，还能更好地提升用户的荣誉感，并促使他们积极地参与平台或产品的活动。

3.4.2　互动徽章

互动徽章注重用户与用户间、用户与产品间的互动行为，如分享、点赞等，徽章设计较为轻松、活泼，增加互动趣味性。在产品设计中，互动徽章常被用作奖励机制的一部分，用户可以通过完成任务、达成目标或获得成就来获得徽章。这种机制可以激励用户更多地参与和使用互动徽章。

社交互动徽章是互动徽章设计中的一种重要主题。社交互动徽章的设计通常包含社交元素，如分享到社交媒体、与好友比较徽章等。这使得徽章不仅是个人的荣誉象征，也是好友之间进行互动和比较的工具。

互动徽章的设计通常与产品的整体形象和风格保持一致，这样可以强化产品形象，并使用户对产品有更深的认知和信任。有的互动徽章设计还会融入具有场景化的元素，这样的设计能增加用户对产品的兴趣和情感联系。

接下来以一套趣味性的社交互动徽章为例，展开讲解如何借助AI来生成社交互动徽章设计。

第一步，需求和类型分析。

需求分析：为一款年轻化的社交产品设计一套社交互动徽章，能体现太空的主题，激励用户进行互动；徽章设计要求采用卡通风格，要有趣味性。

根据这样的需求背景，首先要清楚本次徽章设计的目标，旨在鼓励用户之间进行更多的互动和交流，增强用户之间的联系。通过获得徽章，用户可以展示社交地位和影响力，同时也可以激励他们更积极地参与社交活动。

基于对设计需求的分析，把涉及的互动徽章分为以下五种类型。

探索达人：触发故事篇章，获得丰厚奖励。例如经常参与讨论、留言或者与其他用户进行互动等，从而获得奖励。

收集之星：持续兑换奖励，解锁更多内容。例如发布的内容获得大量的点赞或评论，获得热点鼓励。

航行大师：采用最新形式，探索最新内容。例如在平台上拥有众多的关注者或粉丝，优先体验社交新形式。

奇遇使者：解锁隐藏任务，获得特殊奖励。例如经常分享不同类型的照片或文章，解锁更多内容。

守望专家：动态优先预览，权益优先领取。例如在平台上拥有众多的好友或多个群组，获得优先领取特权。

本次互动徽章的设计选取与太空相关的图形元素，突出表现徽章的社交主题和年轻化特点。在设计风格上，采用轻松、活泼的设计风格，以吸引用户的注意力并提高他们的参与度。颜色选择上可以使用鲜艳、明亮的颜色搭配来表现徽章的活泼性和趣味性。

第二步，生成互动徽章。

先以社交互动徽章中的探索达人徽章为例，以星球图形来表达社交达人的主题，使用明亮的紫色、黄色等来表现太空元素，风格上采用可爱卡通的效果。初步整理得到的文本描述如下：

Saturn, 3D icon, clay, Cartoon, Lovely, smooth, Luster, transparent background, The highest detail, The best quality, HD --ar 1:1

为了能更快更好地生成目标徽章，我们采用垫图+文生图的方法进行出图。先将整理得到的与需求相关的徽章设计素材作为垫图，获取图片链接。

如果想让生成的徽章图片与垫图更相似，可以在文本描述中加入--iw 2，最终整理得到的垫图+文本描述如下：

https://s.mj.run/dTnwF3IWz8s Saturn, 3D icon, clay, Cartoon, Lovely, smooth, Luster, transparent background, The highest detail, The best quality, HD --ar 1:1 --iw 2 --niji 5

将完整的文本描述导入Midjourney中，生成的探索达人徽章如下图所示。由于垫图的徽章造型多是不规则的形状，因此生成的徽章素材有可能会出现结构错位的情况，所以需要多次出图以收获最好的效果图。

探索达人互动徽章生成之后，按照上面的出图方法，替换主体图形的文本描述，例如把星球（Saturn）替换为星星、火箭、UFO、卫星等能表达太空主题的文本描述，同时替换其他类型的设计参考图作为垫图，继续生成风格统一但类型不同的其他互动徽章。

将主体描述替换为星星（Stars），得到的文本描述为：

Stars, 3D icon, clay, Cartoon, Lovely, smooth, Luster, transparent background, The highest detail, The best quality, HD --ar 1:1

星星徽章效果如下图所示。

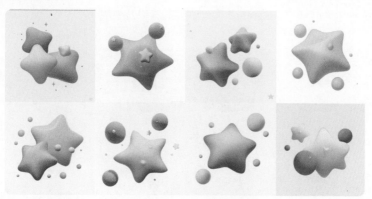

将主体描述替换为火箭（A cute rocket），得到的文本描述为：

A cute rocket, 3D icon, clay, Cartoon, Lovely, smooth, Luster, transparent background, The highest detail, The best quality, HD --ar 1:1

火箭徽章效果如下图所示。

将主体描述替换为UFO，得到的文本描述为：

UFO, 3D icon, clay, Cartoon, Lovely, smooth, Luster, transparent background, The highest detail, The best quality, HD --ar 1:1

UFO徽章效果如下图所示。

将主体描述替换为卫星（Satellite），得到的文本描述为：

Satellite, 3D icon, clay, Cartoon, Lovely, smooth, Luster, transparent background, The highest detail, The best quality, HD --ar 1:1

卫星徽章效果如下图所示。

互动徽章全部生成后，进一步继续筛选这些徽章素材，从中选择出在风格、颜色、造型等方面相似的徽章，共同组成一套完整的社交互动徽章。

第三步，生成背景板。

经过上面的出图操作生成的互动徽章效果很可爱，但徽章的造型不太规则，每个徽章中都有很多起点缀作用的小元素。如果把这些徽章直接用到页面设计中，这些不规则的徽章放在一起有可能会让页面效果变得混乱。为了统一徽章的视觉风格，保证整套互动徽章的一致性，我们可以生成一个统一的背景板，用于承载这些互动徽章，这样会让整套徽章更加规范和统一。

按照"主体描述+风格设定+图像参数"的描述词结构，先梳理一下背景板的形状和颜色等描述。背景板的外形可以选择方形、圆形、六边形、八边形等常见的轮廓外形。颜色可以用深蓝色这类相对深一些的颜色。徽章本身已经有很明亮且丰富的颜色，如果背景板的颜色饱和度还特别高，那么后面背景与前面徽章的颜色对比容易拉不开，这样组合得到的徽章视觉效果会大打折扣。

为了让生成的背景板图像更可控，还可以找一些类似的背景板参考图作为垫图。

经过垫图获取URL链接和文本描述的梳理，最后整理得到的文本描述为：

https://s.mj.run/5-2MV6TG2zg octagon shape, in the style of webcore, dark blue, front view, The highest detail, OC rendering, blender, HD, best quality --iw 2 --ar 1:1

生成的背景板效果如下图所示。虽然每个背景板第一眼看起来很相似，都是深蓝色的八边形，但实际上每个背景板的结构和细节各不相同。我们需要从中筛选出形状相对规则、结构比较简约的背景板作为最终的素材用图。

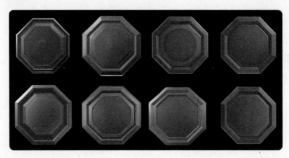

背景板选定后，还需要为背景板去除背景，得到一个透明底的干净背景板，这样处理能和徽章更方便地组合在一起。

AI出图　　　　　　　　效果图

第四步，组合排版设计。

互动徽章和背景板全部生成之后，接下来需要把这些徽章和背景板依次组合到一起，采用徽章在前、背景板在后的组合方式，前后颜色的对比让组合后的徽章看起来更有活力。组合后的星球互动徽章效果如下图所示。

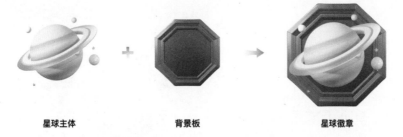

星球主体　　　　　　　背景板　　　　　　　星球徽章

在徽章组合过程中，需要注意每个徽章在背景板中的大小比例需要保持统一。有了背景板作为基准，整套互动徽章看起来更加规范，用在页面中的效果也会更好。组合得到的其他互动徽章效果如下图所示。

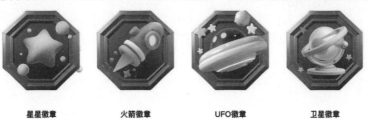

星星徽章　　　　火箭徽章　　　　UFO徽章　　　　卫星徽章

互动徽章组合完成后，为徽章添加对应的名称和说明，再用同色系的浅紫色卡片将徽章和名称组合到一起，一个探索达人的徽章卡片就设计完成了，最终效果如下图所示。

使用同样的方法，在保持徽章卡片的排版不变的情况下，依次将收集之星、航行大师、奇遇使者、守望专家的徽章和名称替换到卡片中，最后得到的一整套互动徽章卡片效果如下图所示。

除了将徽章设计成卡片的样式，还可以考虑将徽章放到页面中，从而得到一个徽章展示和领取页面。以探索达人徽章为例，将徽章的尺寸放大排版在页面的中间，为徽章添加浅色的背景，体现出页面的前后层次关系。最后再添加对应的徽章标题以及"立即领取"按钮，一个具有吸引力的探索达人徽章领取页面就完成了。

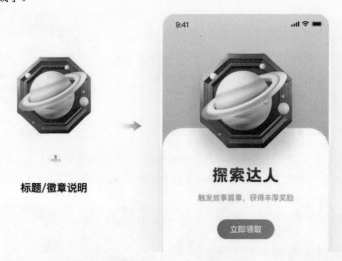

使用同样的设计方法，依次得到其他四个互动徽章的领取页面。最终设计排版得到的页面效果如下图所示。

为了保持新鲜感和吸引力，互动徽章的设计通常会定期更新和迭代，这样可以让用户持续参与并期待新的设计和功能。希望这些设计方法能为你的设计提供参考和帮助。

3.5　IP形象设计

3.5.1　动物IP形象设计

利用AI生成IP形象的过程是循序渐进的，需要在基础版文本描述之上，不断增加新的文本描述，以此来不断完善生成的IP形象。在出图过程中，不仅要考虑IP形象的造型效果，还需要考虑IP形象的风格、装扮等要素。接下来将通过完整的设计流程，展开讲解动物IP形象设计的全过程。

设计案例一：小猎豹IP形象设计。

本次的设计案例是一个个性化、年轻化的小猎豹IP形象。明确了设计需求后，首先基于需求进行基础的文本描述整理，确定IP形象的大方向。按照"主体描述+风格设定+图像参数"的结构，逐步拆解需要用到的、基础的文本描述。

主体描述		风格设定		图像参数	
主体	一只活泼可爱的白色猎豹	风格描述	简约设计风格、IP形象设计	模型	niji 6
特点	明亮的大眼睛	形象细节	体现角色的细节		
动作	自然站立	参考风格	儿童图书插画风格		

整理得到的文本描述如下：

a vibrant cute white leopard, large and bright eyes, standing naturally, IP image, simple design, high-grade natural color matching, detailed character design, cartoon realism, fun character setting, children't book illustration style --niji 6

这段文本描述属于基础的通用描述，没有设定IP的具体风格，也没有设定复杂的出图参数。如果想生成其他动物主题，只需要把主体形象的文本描述替换为其他动物即可。先把这段文本描述放到Midjourney中，生成的基础版猎豹形象效果如下图所示。

从生成的图片能看出来，得到了一个白色的小猎豹形象。由于文本描述中没有设定具体的风格，所以生成的猎豹形象以默认的扁平风格为主。如果想生成具有3D卡通效果的猎豹形象，可以在基础版文本描述的基础上，加入控制IP形象风格的文本描述，例如泡泡玛特风格、3D动画角色设计等。再加入与3D效果相关的图像参数，如C4D、光线追踪等。

将上面提到的文本描述加到基础版文本描述的后面，得到的3D风格IP形象的文本描述为：

a vibrant cute white leopard, large and bright eyes, standing naturally, IP image, simple design, high-grade natural color matching, detailed character design, cartoon realism, fun character setting, children's book illustration style, PopMart style, Organic sculpture, C4D style, 3D animation style character design, ray tracing --niji 6

添加3D风格相关的文本描述后，能看到生成的IP形象都呈现出3D卡通的效果，如下图所示。

目前生成的猎豹IP形象还处于初级阶段，没有体现出具体的主题，与产品的联系也不够密切。如果想让生成的猎豹IP形象与产品风格、主题更切合，需要加入一些能强调形象特点的文本描述，例如特定的服装、与主题相关的物品等。

根据本次案例强调个性化、年轻化的主题，可以为猎豹形象加上服装，衣服的颜色尽可能与产品主题色保持一致。考虑到是电商产品，还可以再加上一个背包，来突出主题。加入装扮内容后得到的文本描述为：

a cute white leopard, wearing blue clothes, carrying a bag, standing naturally, IP image, simple design, high-grade natural color matching, detailed character design, cartoon realism, fun character setting, children's book illustration style, PopMart style, Organic sculpture, C4D style, 3D animation style character design, ray tracing --niji 6

添加装扮文本描述后，生成的猎豹IP形象如下图所示。

添加服饰和背包等装扮后，猎豹的整体形象较之前有了很大的改变，能凸显出猎豹IP形象的关键视觉特征和性格特点，塑造出一个潮流个性的IP形象，更好地与产品主题相契合。如果产品的主题色是红色，可以灵活地将文本描述中的服饰颜色调整为红色，调整后的文本描述为：

a cute white leopard, wearing red clothes, carrying a bag, standing naturally, IP image, simple design, high-grade natural color matching, detailed character design, cartoon realism, fun character setting, children's book illustration style, PopMart style, Organic sculpture, C4D style, 3D animation style character design, ray tracing --niji 6

红色服饰的猎豹IP形象效果如下图所示。

将生成的IP形象进行设计排版，将IP作为卡片封面图，添加标题和按钮，一个IP设计物料就完成了。

通过基础描述确定IP形象、添加风格文本描述确定IP风格、添加装扮文本描述强调IP特点这三个步骤后，我们就能按照设计需求得到一个符合主题要求的IP形象设计，整个出图的步骤是一个循序渐进、不断探索和优化的过程。按照这种每一步都有明确规划的出图方法，更容易得到想要的IP形象效果。

设计案例二：卡通兔IP形象设计。

掌握了动物IP形象的全流程设计后，接下来通过一个更具体的案例来讲解IP形象的设计应用。本次的设计案例是一个面向儿童的卡通兔IP形象设计，用于一系列的儿童教育产品。

在设计出图前，首先确定目标受众和设计的应用场景，本次的IP设计主要针对4～8岁年龄段的儿童，这个年龄段的孩子更喜欢可爱和简单的小动物。IP的应用场景包括但不限于儿童图书、数字游戏和动画系列等。接下来进行灵感和参考资料的收集，研究流行的儿童书籍寻找有代表性的设计元素，还可以观察和记录兔子的日常行为和表情，以便在设计中加入真实元素。

在IP风格上选择一个可爱简单的风格，突出角色的可爱和趣味性。例如可以设计大眼睛和圆润的身体来增加角色的亲和力。IP颜色上，使用鲜艳、高对比度的色彩，以吸引孩子们的注意力。色彩还能用来表达IP的情感和性格。IP设计的主题应结合教育元素，例如学习基本知识或发展技能等。通过对目标受众和设计风格的分析，按照"主体描述+风格设定+图像参数"的描述词结构，逐步拆解、提炼需要的文本描述。

主体描述		风格设定		图像参数	
主体	一个可爱的卡通兔形象	风格描述	3D卡通风格、IP形象设计	图像精度	8K、最佳质量、超高清
装扮	穿着深绿色的背带裤	图片角度	正视图IP形象	渲染器	OC渲染、3D渲染
造型	可爱、简洁的造型	参考风格	POPMART，3D，C4D	模型	Niji5
场景	手里拿着一本书				

完整的文本描述如下：

a cute little rabbit cartoon character, wearing braces trousers, holding a book, 3D animation style character design, front view, dark green and pink, pure white background, Pop Mart style, simple design, IP image, advanced natural color matching, cute and colorful, detail character design, exquisite details, super details, ultra high definition, cartoon realism, 3D, C4D, OC renderer, 3D rendering, ray tracing, 8K, best quality --niji 5

将整理好的文本描述复制到Midjourney中查看生成的IP效果，如下图所示。生成的卡通兔有着长长的耳朵和明亮的大眼睛，手里拿着书籍，与儿童教育类产品的主题比较契合。

从生成的卡通兔图片中挑选出相对满意的IP形象，将IP形象进行去背景和调色处理，方便应用到多个设计场景中。

IP形象处理好之后，导入设计软件中进行宣传banner的设计，根据IP形象的颜色及产品主题，添加相应的主题文案和装饰元素，有效地传达活动信息和价值，做出符合儿童教育类产品的宣传风格，吸引目标用户的关注和参与。设计好的banner效果如下图所示。

宣传banner设计好后，将banner导入页面作为画面中的主视觉图，再搭配上搜索控件和个人中心控件，一个活泼又有趣的教育产品页面就设计完成了。

3.5.2　人物IP形象设计

介绍完动物IP形象设计，接下来我们讲讲人物IP形象设计方法。在开始设计之前，要明确人物IP形象的目标受众，以便针对受众的特点和喜好进行设计。根据品牌特点和目标受众，可以选择适合的设计风格，如简约、卡通、写实、科幻等，还可以设计人物的形象，包括外貌、服装、发型、表情等。为了让人物形象更加丰满和有趣，可以为人物形象设计一些性格特点，如活泼、开朗、勇敢、聪明等。

接下来，通过设计案例来具体讲解如何结合AI完成人物IP形象的设计。本次的案例是一个可爱小女孩的IP形象设计，用于儿童类玩具产品中。首先需要确定设计风格，对于儿童类产品，适合选择一种卡通、可爱、活泼的设计风格，以吸引小朋友们的注意力。在人物形象特征方面，可以从以下几个方面考虑。

外貌特征：能体现小女孩可爱、活泼的外貌特征，例如大大的脑袋和眼睛、长长的头发等。

颜色搭配：选择一些明亮的颜色，如粉色、蓝色、黄色等，来表现小女孩的可爱。同时还可以使用一些浅色调的颜色，如白色、浅灰色等，来表现小女孩的清新和优雅。

服装设计：为这个小女孩设计一些色彩鲜艳、可爱的服装，如百褶裙、公主裙等。这些服装可以突出产品的特点和目标受众的喜好。在服装设计中，可以注重细节处理，如服装的花边、图案、纽扣等元素的设计，以增加IP形象的趣味性和独特性。

动作设计：根据需求决定是否需要设计一些可爱的动作，如跳舞、挥手等。这些动作可以增加IP形象的互动性和趣味性。同时还可以根据产品特点和受众偏好，设计一些个性化的动作和姿态，以突出IP形象的特点和个性。

通过对小女孩形象特征的分析，梳理得到的文本描述为：A pretty girl in a pink pleated skirt, super cute girl IP, big head, wear a headband, fluffy hair。在这些文本描述的基础上，加上决定IP风格相关的文本描述，例如3D渲染、Pop mart风格等，最后得到的完整文本描述为：

super cute girl IP, a pretty girl wearing a skirt, big head, wearing a headband, fluffy hair, soft light, full body shot, front view, blind box style, white background, 3d, blender, oc renderer --niji 6

将文本描述复制到Midjourney中，生成的IP形象效果如下图所示。在出图过程中需要注意IP形象的细节处理，包括线条的流畅性、色彩的搭配、质感的表达等，以突出IP形象的独特性和可识别性。

在IP形象的设计过程中，除了需要设计单个的IP形象，很多时候还会要求设IP形象的三视图，即IP形象的正面、侧面和背面三个视角的效果图。传统的设计流程通常是先设计好IP形象的正视图，然后再根据正视图来延展设计另外两个视角的效果图。设计三视图的整个过程比较耗费时间，而且IP形象的侧面和背面视角如果没有把握好，设计出来的IP形象很容易出现结构错误的问题。

现在借助AI绘画工具，我们很轻松就能得到IP形象三视图的设计效果。首先需要增加文本描述"生成三个视图"，即正视图、侧视图和背视图，其次IP形象还需要展示完整的身体。在上面讲到的女孩IP形象的文本描述的基础上，继续添加能生成三视图的文本描述，最后得到的文本描述如下：

generate three views, firstly the front view, secondly the left view, thirdly the back view, full body, super cute girl IP, a pretty girl in a pink pleated skirt, big head, wearing a headband, fluffy hair, soft light, full body shot, front view, blind box style, white background, 3d, blender, oc renderer --niji 6

将文本描述复制到Midjourney中得到的小女孩三视图效果如下图所示。

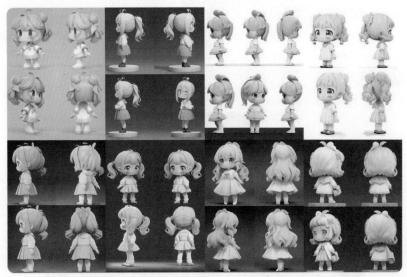

由于Midjourney出图存在随机性，生成的三视图视角会发生很多变化，有时生成的并不是特别标准的三视图效果。如果生成的效果不是很理想，则需要分别输入正视图、侧视图和背视图三个视角来分别出图。IP形象三视图生成的过程，需要多次反复地尝试出图，以达到最标准的效果。

三视图出图完成后，为了方便进行排版和展示，最好先去除三视图的背景，这样后期应用起来会更灵活。

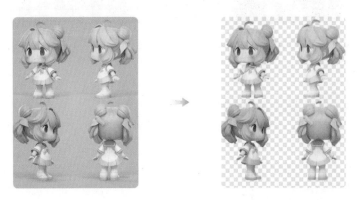

IP素材图处理完成后，将IP形象水平排列在一起，再为不同角度的IP形象加上对应的视图名称，

一套人物IP形象三视图设计排版就完成了，如下图所示。

| 正视图 | 侧视图 | 侧视图 | 后视图 |
| Front | Left | Right | Back |

除了生成三视图的效果外，还可以灵活调整文本描述来生成其他风格的人物IP形象。例如将人物的服装从百褶裙变成运动服，再戴上耳机，这样整个IP就会变得更加有活力。调整后的文本描述为：

super cute girl IP，a pretty girl in a tracksuit, big head, wear a headset, fluffy hair, soft light，full body shot，front view，blind box style，white background，3d，blender，oc renderer --niji 5

生成的运动风格IP形象如下图所示。通过生成的图片能看到，虽然IP形象的设计仍然很可爱，但服装和配饰的变化让形象更加有特点、有个性。

通过以上方法，我们可以设计出一个独特、可爱、符合产品特点和目标受众需求的小女孩IP形象，增强产品的认知度和影响力。

介绍完人物IP形象的设计方法后，接下来将通过主题更加明确的设计案例来探究人物IP形象的设计应用。人物IP形象设计适合用在主题明确或特定的行业中，通过具有代表性的人物形象设计来展现产品的特点，例如医疗类产品中的医护人员、母婴类产品中的妈妈和宝贝形象、教育类产品中的老师和学生形象等。

接下来就以医疗类产品中的护士IP形象设计为例，讲解如何通过准确描述来生成主题形象，同时进行设计应用。在使用AI出图前，首先需要分析护士形象有哪些特点，可以从装扮和场景上来考虑。装扮上穿着的服装可以是护士服，场景上可以考虑医护行业配套的工具，比如药箱、药盒等。通过这些有代表性的装扮和元素来强化主题。基于以上对于护士IP形象的分析，按照"主体描述+风格设定+图像参数"的描述词结构，整理需要用到的文本描述。

主体描述		风格设定		图像参数	
主体	一个护士	风格描述	卡通风格，IP设计	图像精度	最佳细节
特征	穿着护士服	图片角度	全身展示	渲染器	自然光、3D渲染
动作	背着药箱	参考风格	可爱，3D	模型	Niji6

如果想直接生成三视图的效果，可以在描述中加入三视图通用的文本描述。另外，考虑到三视图的宽度占比更大，可以在文本描述的结尾加上--ar 4:3的比例限制，确保所有的视图都能在画面中完整展示出来。

经过整理得到的护士IP形象设计文本描述为：

Full body, generates three views, namely the front view, the side view and the back view, a nurse girl, cartoon style, ip design, a clay-like texture, big head, carrying a medicine box, super fine details, natural lighting, Blender, 3D rendering --ar 4:3

将文本描述复制到Midjourney中查看生成的护士形象三视图，效果如下图所示。

经过多次生成和筛选后，选择满意的形象进入设计排版环节。使用和上文同样的方法，先将IP形象水平排列在一起，为不同角度的IP形象加上对应的视图名称，医疗主题的人物IP形象三视图排版效果如下图所示。

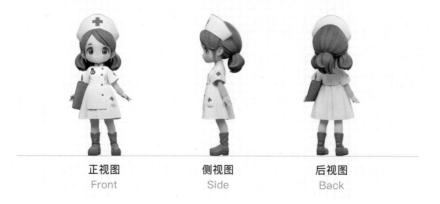

正视图　　　　　　　　侧视图　　　　　　　　后视图
Front　　　　　　　　　Side　　　　　　　　　Back

护士IP形象处理好后，接下来将IP形象应用到具体的页面设计中。首先是页面中banner图的设计，将IP形象放到画面中间位置，在IP后面再叠加一层主标题和副标题，形成前后对比，这样一个主题明确、层次分明的健康宣传banner就设计完成了，设计效果如下图所示。

正视图

接下来继续将侧视图IP导入设计软件中，完成页面中文章封面图的设计。封面图的背景色采用绿色或蓝色这类与健康医疗相关的颜色，采用左图右文的布局，将IP形象放在左边，标题文案放在右边。文章封面图的设计效果如下图所示。

侧视图

宣传banner和文章封面图全部设计好之后，将这些元素从上至下依次排版组合到页面中，再在页面顶部添加一个主标题和消息提示图标，一个医疗产品的首页就设计完成了。最终的页面设计效果如下图所示。

3.5.3　特定IP形象设计

特定IP形象设计是指区别于普通的动物或人物的IP形象设计，应用于特定的行业或场景中。特定的IP形象设计其特征和主题往往更加明确，比如与行业相关的宇航员IP形象设计、医生IP形象设计等，或者科技行业中的机器人IP形象设计，只能用于某个特定的行业。

接下来通过案例来具体讲解特定IP形象设计的方法。本次设计案例是一个机器人IP形象设计，应用在科技产品中，要求造型有未来感和科技感，有足够的视觉冲击力。使用Midjourney生成特定IP形象时，前期准备工作非常重要，需要明确设计需求和目标，搜集整理和形象相关的设计素材，并对其进行深入分析和整理。考虑到科技产品的特点，可以为机器人IP形象添加赛博朋克的描述，以增强产品属性。

首先需要深入了解赛博朋克风格的特点和元素，包括科技感、未来感、机械感等。可以通过阅读相关的书籍、文章，观看电影、游戏等方式来加深对赛博朋克风格的理解。同时也可以参考其他设计师的作品，学习他们的创意和实现方式。此外，需要明确机器人IP形象的应用场景和使用目的。机器人形象参考效果如下图所示。

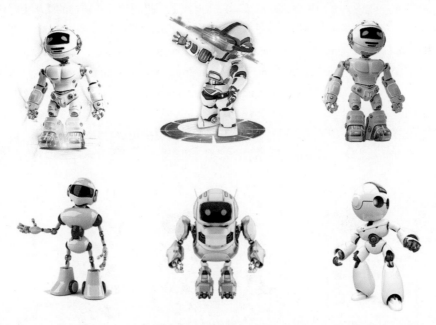

在收集到相关的设计素材之后，接下来需要对这些素材进行深入的分析和整理，从中分析赛博朋克风格中常用的颜色、线条、纹理等元素。同时对机器人IP形象的特征进行分析，以确定其特点和个性。基于以上的调研与分析，按照"主体描述+风格设定+图像参数"的描述词结构，逐步拆解需要用到的文本描述。

主体描述		风格设定		图像参数	
主体	机器人形象	风格描述	赛博朋克风格、3D风格	图像精度	最佳质量、超高清
装扮	全息效果、白蓝效果	图片角度	全身展示	渲染器	自然光、OC渲染
造型	科技感、新潮造型	参考风格	3D, C4D, Blender	模型	Niji6

整理得到的文本描述为：

robot 3D image, cyberpunk style, white and blue, fashionable and trendy, full figure, delicate features, holographic, keep consistency and uniformity, clean background, natural light, best quality, super detail, 3D, C4D, Blender, OC rendering --niji 6

机器人IP形象的特征和要求的文本描述准备好之后，打开Midjourney输入描述开始进行生成操作。Midjourney会根据文本描述自动生成IP图像。生成的机器人IP形象如下图所示，IP形象的造型很有机械感，视觉效果充满未来感和科技感，符合科技类产品的要求。

在生成初步的图像之后，可以进行优化和调整操作。例如使用不同的颜色、纹理等元素来增加IP形象的细节和层次感，或者对图像的背景、出图参数等要素进行调整，使其更加符合赛博朋克风格的特点。

如果想要生成三视图效果的机器人IP形象，只需要在上面提到的文本描述的基础上，添加生成正视图、侧视图和后视图的描述。添加三视图描述后的完整文本描述为：

robot 3D image, cyberpunk style, white and blue, fashionable and trendy, full figure, delicate features, holographic, full body, three views cartoon image, generate front view, side view, back view three views, keep consistency and uniformity, clean background, natural light, best quality, super detail, 3D, C4D, Blender, OC rendering --niji 6

生成的三视图效果如下图所示。虽然机器人IP形象的造型很复杂，但Midjourney生成的侧面和背面视图效果很不错，机器人的造型细节和结构全部都有展现出来，大大提升了出图效率。当然这个过程需要不断地进行调试。

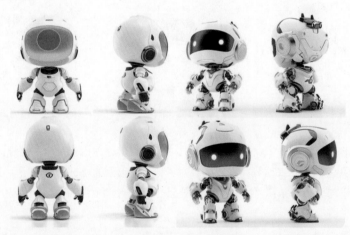

筛选出相对满意的IP形象三视图，统一去除背景后，将三个不同角度的视图排版组合在一起。三视图的排版可以根据机器人IP形象的特点进一步优化，增加带有透视效果的文字和科技感的蓝色渐变背景。经过这些调整，整个三视图的纵深感和科技属性会更强。三视图排版效果如下图所示。

正视图　　　　　侧视图　　　　　后视图
Front　　　　　Side　　　　　Back

接下来将机器人IP形象导入页面进行设计合成。目前在很多AI大模型产品的页面设计中都能看到智能AI助手的使用，这些智能助手常出现在页面中最明显的位置，方便用户直接与助手进行互动。

按照这样的设计思路，将我们生成好的机器人IP形象正视图导入页面作为智能助手，再添加主题文案来引导用户进行问答互动，最后再加上带有科技属性的蓝色背景，一个AI产品的页面头图就设计完成了。

使用同样的设计方法，利用机器人IP形象的侧视图和后视图继续完成其他UI组件的设计。例如下图中的文章AI小助手，使用了机器人IP的侧视图效果，搭配上清晰的功能说明，一个功能卡片就设计完成了。

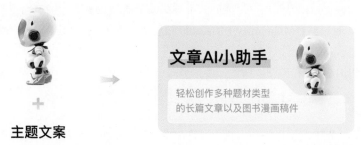

将设计好的页面头图和功能卡片一起导入页面中，在头图中添上一个搜索框，方便用户积极参与互动问答，在页面的下方再添加一个"开始创作"按钮，一个AI产品的智能问答页面就设计完成了。

3.5.4　IP延展：IP形象2D转3D

IP形象2D转3D是指将原本为2D的图像通过AI转换为3D效果的图像，转换的过程中IP形象的造型、颜色和装扮等都保持统一，只是风格上发生变化。

使用场景较多的情况是产品或品牌已经有了2D效果的IP形象，随着产品力的提升或者设计风格的更迭，需要用到3D效果的IP形象来满足需求。这时就可以通过AI工具实现转换，快速查看生成效果。

另一种情况是产品没有2D的IP形象图，这个时候需要先设计一个简单的2D形象，或者从其他产品或设计网站中找到类似的参考图。图片风格上没有太大的限制，可以是黑白描边的轮廓图，也可以是扁平彩色效果的形象图，都能实现2D到3D的转换。

1）原理介绍

IP形象2D转3D的过程中，需要用的软件工具除了Midjourney外，还用到另一款AI绘画工具Vega AI。具体的操作方法是先利用Vega AI将二维IP形象转换为基础版的三维形象，再将基础版的三维图导入Midjiurney中作为垫图，生成效果更好的三维IP形象设计图。

之所以选择两种工具的结合，而不是只使用Midjourney来实现IP形象2D转3D的效果，主要有两方面的考虑：（1）如果直接把2D设计图导入Midjourney中进行转化，生成出来的3D形象设计图效果不理想，与2D图的差别比较大，还原度不高；（2）Vega AI作为一款在线绘画软件，它的优势在于操作简单，通过2D设计图转换出来的3D形象和原图的相似度特别高。

那么，直接用Vega AI就能完成2D形象转3D形象的操作，为什么还要使用Midjourney？这是因为虽然Vega AI转换得到的3D效果图和2D图的相似度很高，但转换出来的3D形象在质感、细节方面还不够好，因此还需要将转换得到的基础版3D效果图导入Midjourney中作为垫图，这样最终生成的3D效果图就会比较接近原IP的形象，生成的三维效果图的质量也更高、细节也更丰富。而且，利用Midjourney出图后，可以结合Midjourney中的seed值和局部变换功能，实现IP形象的换装、动作多角度延展等效果，创造更多的可能性。

了解了完整的出图原理和出图方法后，接下来通过设计实操，一步步讲解如何实现IP效果的完美转换。

2）设计实操

本次的案例是一个2D扁平风格的人物IP形象，设计需求是想在现有的2D人物图的基础上，生成3D效果的人物IP形象，要求生成的3D人物形象的装扮和色调与原图尽量保持一致，方便后期应用到更多使用场景中。

首先利用Vega AI将2D人物形象转换为3D人物形象。进入到Vega AI中，选择条件生图，上传准备好的2D人物形象图；然后在下方的输入框中，基于你想要的效果，输入对应的中文文本描述：一个小男孩，淡黄色头发，戴着黑框眼镜和无边帽，穿着短袖、棕色短裤和靴子，3D风格；最后单击面板右侧的选择IP模型，选择一个合适的模型3D IP，设置好参数后单击生成即可，操作图如下所示。

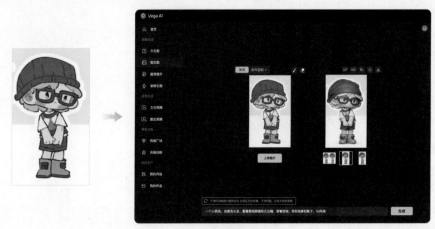

经过这样简单的操作，就能在Vega AI中将人物IP形象由2D转换成基础版3D效果，如下图所示。

得到基础版的3D人物图片后，接下来进入Midjourney中，使用"describe"指令将基础版3D人物图片上传到Midjourney中，就能利用图生文的方法获得关于这个人物形象的文本描述。

这里我们采用筛选和整理文本描述的方法，先从生成的描述中筛选出一些符合要求的文本描述，再按照"主体描述+风格设定+图像参数"的描述词结构，逐步整理需要用到的文本描述。

主体描述		风格设定		图像参数	
主体	一个很酷的小男孩	风格描述	IP设计、3D风格、黏土风格	图像精度	最佳细节、最佳质量
外貌	圆脸，淡黄色头发	图片角度	正视图，全身展示	渲染参数	blender
装扮	戴着黑框眼镜和无边帽，穿着白色短袖、棕色短裤和靴子	参考风格	泡泡玛特盲盒效果，3D, C4D	模型	Niji6

整理后得到的文本描述为：

a cool little boy, round face, light yellow hair, wears black-framed glasses and a beanie, white short sleeves, brown shorts, boots, front view, full body, Bubble Mart blind box style, hipster play, clay model, shiny material, clean background, super clear details, IP, C4D, blender, best quality --style expressive --niji 6

有了文本描述后，再把上传到Midjourney中的基础版3D人物图的URL链接复制下来作为垫图使用，这样生成的3D人物图像能和原图人物更接近，生成效果会更好。加上垫图链接的文本描述为：

https://s.mj.run/4EkR-nRX8Ko a cool little boy, round face, light yellow hair, wears black-framed glasses and a beanie, white short sleeves, brown shorts, boots, front view, full body, Bubble Mart blind box style, hipster play, clay model, shiny material, clean background, super clear details, IP, C4D, blender, best quality --style expressive --niji 6

使用垫图+文生图的出图方法，得到的3D人物形象图的效果如下图所示。生成的3D人物形象与原形象比较接近，而且人物的质感、造型、动作、细节等方面处理更好。

从2D扁平的人物形象转换成3D立体的人物形象，整个过程只需要花费很短的时间，相较于传统的设计方法，利用AI能够大大提升设计的效率和可能性。

3.5.5　IP延展：IP形象变装设计

1）原理介绍

每个产品的IP形象通常有一套固定造型或装扮，但随着对用户体验的不断提升，很多产品会将自己家的IP形象进行多种维度的延展运营，其中IP形象变装设计就属于最常用的一种运营方法。通过对IP形象进行灵活换装，能够让IP形象融入更多的业务场景，让IP形象更加生动有趣、吸引眼球，增强用户参与感，为产品赋能。例如在节日期间，为了营造节日氛围，可以给IP形象穿上符合节日主题的变装，比如圣诞节可以穿上圣诞套装；或者配合主题活动，可以给IP形象穿上符合主题的变装，比如运动日可以穿上运动服；或者为了推广新产品或服务，可以给IP形象穿上具有产品特色的变装，比如新品发布会可以穿上定制的广告衫。

按照传统的设计方法，如果想对IP形象进行多种款式服装的变装设计，需要花费大量的时间设计服装或者建模渲染。现在只需要利用Midjourney的Vary（Region）局部重绘功能，就可以快速实现同一个IP形象的变装设计，在更短的时间内完成服装颜色、款式和造型的变换。

2）设计操作

接下来，将通过实操案例来讲解IP形象如何进行变装延展。为了更好地讲清楚IP形象变装的操作方法，这里以人物IP形象变装作为示例。结合人物形象IP设计章节讲到的描述词方法，先准备好人物IP形象的文本描述，确定IP形象。

主体描述		风格设定		图像参数	
主体	一个可爱的小女孩	风格描述	IP设计、3D风格、黏土风格	图像精度	最佳细节、最佳质量
发型	双马尾	图片角度	正视图，全身展示	渲染参数	blender渲染
装扮	传统中式风格的绿色裙子	参考风格	泡泡玛特，C4D	模型	Niji6

整理得到的文本描述为：

a cute little girl, double ponytail, green dress, Traditional costumes of the Chinese, pop mart style, clay model, front view, full body, model, shiny material, happy atmosphere, clean background, super clear details, IP, C4D, blender, best quality --niji 6

生成的IP形象如下图所示，人物的发型、装扮等符合文本描述的特征。

从生成的图中选择一张效果好的图，单击图片对应的U按钮，放大得到一张尺寸更大、更清楚的人物IP形象图片。

接下来，使用Vary（Region）局部重绘功能对这个人物形象进行变装操作。单击图片下方的Vary（Region）按钮，来到局部重绘功能的操作页面。

在对人物形象进行变装操作之前，先来分析一下人物形象的特征：一个扎着马尾辫的小女孩，穿着一条绿色的裙子和一双绿色的鞋。在局部重绘的时候，保持人物头像不变的情况下，可以只对绿色的裙子进行重绘，也可以把裙子和鞋都进行重绘。

（1）改变服装颜色。

我们先对绿色的裙子进行重绘，只改变裙子的颜色，具体的操作步骤如下：①选择页面中的框选工具，框选出来图中的绿色裙子部分；②在下方输入框中的文本描述中，将绿色裙子（green dress）修改为蓝色裙子（blue dress）。

完成上面的两步操作后，单击输入框里的右箭头（submit job）按钮，就可以实现绿色裙子变成蓝色裙子的换装操作了。重绘后的蓝裙子效果如下图所示。

从生成的图片能看到，只有裙子的颜色发生了变化，人物的头像、鞋子等不在选区范围内的元素都没有发生变化。

（2）改变服装款式。

除了改变服装的颜色，还可以改变服装的款式，让人物形象能应用到更多业务场景中，接下来通过实操案例展开具体的介绍。按照上面的局部重绘操作方法，再次单击绿色裙子人物图片下方的Vary（Region）按钮，来到局部重绘操作页面。如果对这个图片使用过局部重绘功能，再次来到局部重绘操作页面时，图片会显示上一次框选的区域。

如果重绘的区域没有改变，可以直接修改描述词即可。如果重绘的区域发生变化，则需要单击操作页面左上角的重置按钮，清除框选区域，再根据要求重新框选重绘区域。这里只改变服装的款式，所以不需要重新框选重绘区域，只需要将输入框中的服装文本描述改变为其他服装即可。将文本描述中的绿色裙子（green dress）修改为粉色唐装（pink tang costume），完整文本描述为：

a cute little girl, double ponytail, pink tang costume, Traditional costumes of the Chinese, pop mart style, clay model, front view, full body, model, shiny material, happy atmosphere, clean background, super clear details, IP, C4D, blender, best quality --niji 6

生成的唐装女孩IP形象如下图所示。

除了裙子外，还可以根据需要调整为其他风格的装扮，例如休闲牛仔衣、蓝色宽松毛衣等服装。

休闲牛仔衣（casual denim dress）装扮的人物形象，文本描述为：

a cute little girl, double ponytail, casual denim dress, Traditional costumes of the Chinese, pop mart style, clay model, front view, full body, model, shiny material, happy atmosphere, clean background, super clear details, IP, C4D, blender, best quality --niji 6

生成的牛仔衣女孩IP形象如下图所示。

蓝色宽松毛衣（loose blue sweater）装扮的人物形象，文本描述为：

a cute little girl, double ponytail, loose blue sweater, Traditional costumes of the Chinese, pop mart style, clay model, front view, full body, model, shiny material, happy atmosphere, clean background, super clear details, IP, C4D, blender, best quality --niji 6

生成的蓝色宽松毛衣女孩IP形象如下图所示。

以上的案例只针对人物的裙子进行局部重绘，其他的装扮如鞋子等仍然保持不变。

（3）添加元素，改变全身装扮。

根据上面穿着绿色裙子的小女孩形象，如果想对其进行全身装扮的改造，例如想突出运动风，为人物形象换上一套运动服，需要如何进行局部重绘呢？

方法其实很简单，只需要在局部重绘页面中，扩大框选的区域范围，将人物头部以下的区域全部框选上，然后再把文本描述中的绿色裙子（green dress）修改为橙色潮流运动服（fashionable orange tracksuit），这样就能得到全身装扮都发生变换的人物形象。

运动风格装扮的人物形象，完整文本描述为：

a cute little girl, double ponytail, fashionable orange tracksuit, Traditional costumes of the Chinese, pop mart style, clay model, front view, full body, model, shiny material, happy atmosphere, clean background, super clear details, IP, C4D, blender, best quality --niji 6

全身装扮的效果如下图所示，这次服装的变换效果较上面的案例有了更明显的变化，人物的衣服由裙子变成了运动服，鞋子由皮鞋变成了运动鞋，整个装扮非常符合运动风主题。

变换成运动服装扮后，还可以在框选区域内进一步添加能表达某类运动的文本描述，例如在运动服文本描述的后面加上打篮球（playing basketball）的描述，完整文本描述如下：

a cute little girl, double ponytail, fashionable orange tracksuit, playing basketball, Traditional costumes of the Chinese, pop mart style, clay model, front view, full body, model, shiny material, happy atmosphere, clean background, super clear details, IP, C4D, blender, best quality --niji 6

生成的女孩打篮球效果如下图所示。

如果还想添加其他的元素，可以利用这种方法不断新增，循序渐进地体现人物形象的运动属性，起到强化主题的作用。以上就是利用局部重绘功能来实现人物形象变装的设计思路和详细步骤。在不修改人物形象原图的基础上，可以对这个形象的某一个区域进行反复调整修改。官方建议选择20%～50%的区域，因此在作图的时候选择区域不要太小或者太大。

3.6 表情包设计

表情包在各种社交软件中广泛流行，利用表情包能表达特定的情感，从而达到促进沟通、凸显感受的作用，已经成为一种重要的网络文化现象。

表情包设计的流行主要有以下几个原因。

弥补文字交流的不足：表情包能够弥补文字交流的枯燥以及表达不准确的缺点，有效提高沟通效率。在用文字难以准确传达情绪或含义时，表情包可以作为一种直观、生动的补充，帮助用户更好地理解和感受对方的情绪和意图。

丰富的表达方式：表情包提供了丰富的表达方式，使得用户能够用更加生动、有趣的方式展现自己的情绪和想法。无论是喜怒哀乐还是其他复杂的情绪，都可以通过表情包得到准确而形象的表达。

符合年轻人的文化需求：表情包的设计追求轻松、醒目、搞怪等特点，与当代年轻人张扬个性的心理相符。年轻人更倾向于使用表情包来展示自己的个性和态度，同时也通过表情包寻找群体认同感和归属感。

随着网络文化的不断发展，表情包设计还将继续创新和完善，为人们带来更加多样化和个性化的沟通体验。

3.6.1　动物形象表情包

在设计前需要想好表情包的主题，比如日常生活类、节日类、职场吐槽类等，还有表情的风格是可爱、现代，还是复古等，这将有助于生成与主题一致的表情包。

本次动物形象表情包设计案例的主体是红色浣熊，表情包的风格要求可爱、丰富，同时整套表情包需要风格统一，每个表情要突出特点和差异性。

基于确定的要求，接下来按照"主体描述+风格设定+图像参数"的描述词结构，逐步分析需要用到的文本描述。

首先主体形象是一个红色浣熊，由于要生成一套表情包，需要加上能表示不同动作和表情的文本描述；其次对设计风格进行描述，例如手绘风格、简单线条、可爱风格；还可以列举一些动作，例如动态的姿势等。

整理得到的文本描述为：

A cute red panda, multiple poses and expressions, the style of line drawing, loose gestures, simple line work, lacquer painting, thick texture, style cute, emoji as illustration set, with bold manga line style, dynamic pose --niji 6

其中 multiple pose and expressions 表示生成不同的动作和表情，是能够生成表情包的关键性描述。将文本描述导入 Midjourney 中，直接采用文生图的方法（不需要垫图），生成的浣熊表情包效果如下图所示。

从生成的图中选择喜欢的一组，然后不断单击 V 按钮来刷新和优化图像，这样就会产出很多同系列的图，同系列的浣熊表情包效果如下图所示。整个过程需要多次尝试才能得到理想的效果。

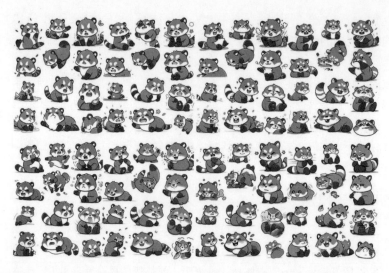

从生成的全部图中依次挑选出动作有特点、主题明确的表情，将它们组合在一起，同时需要确保所有表情在风格和色彩上保持一致，以便作为一个整体来使用。将挑选出来的表情进行统一的抠图去背景操作，之后再导入Photoshop或者其他设计软件中，进行格式调整和样式统一。

格式调整是将所有表情调整到统一的大小和分辨率，以便于在各种平台上使用；样式统一是指确保所有图像在风格上保持一致，不满意的地方可以调整修改，形成一个连贯的系列。

完整的表情包通常采用图文结合的方式，既有图像还有文字，让表情包更容易理解，也更有趣。现在每个表情包的图像有了，接下来就需要为每个表情添加能表达其特点的文案说明。添加文案说明最好能考虑用户在哪些情境下可能会使用这些表情，从而确保设计的表情包实用且有吸引力。

具体的添加方法是将表情包导入设计软件后，在软件中为每个表情包加上简洁有特点的文案，文案字体最好选择免费可商用的字体，避免产生侵权问题。浣熊表情包设计效果如下图所示。

通过以上详细的步骤说明，能从0到1完成从表情包构思到设计的整个过程。在设计过程中，需要对需求进行深入理解，这样才能让Midjourney快速辅助进行出图，从而打造一套适合用户喜好的表情包。

3.6.2　人物形象表情包

人物形象的表情包是另一种常见的表情包类型，更容易表达出人物的各种情绪，让用户产生代入感。接下来通过一个具体的设计案例来详细阐述使用Midjourney生成人物表情包的全过程。让我们以创建一套"多种情绪的小女孩"表情包为例。

首先确定主题和风格。主题上，选择"多种情绪的小女孩"作为主题，创建出一套表情丰富的小女孩形象。风格选择上，采用卡通的风格，使表情包既有趣又受众广泛。

主题和风格明确后，接下来按照"主体描述+风格设定+图像参数"的描述词结构，进行分析整理。主体描述部分是一个可爱的小女孩形象，为形象选定不同的情绪分类，例如快乐、好奇、困惑、生气、悲伤等。如果想生成一套表情包，还需要加上能表示生成不同动作和表情的文本描述；其次，对风格设定进行描述，确定表情包的设计风格，例如插画风格、简洁的线条等。在设计风格的基础上加上IP形象设计、表情包设计等文本描述，能更准确地生成想要的效果；图像参数部分，控制出图的比例为3:4，这样有助于表情包完整展示出来。图片的风格化程度可以高一些，这样表情包的视觉效果会更加吸引人。

整理得到的文本描述为：

Cute girl, IP image design, colorful Vector illustration Style, emoji pack, emoji sheet, multiple poses and expressions, anthropomorphic style, Disney style, Graphic illustration style, brief strokes, line drawing, flat illustration, minimalism, very smooth, Solid color block, Solid background, ultra high quality, exag gerated poses, happy, angry, sad, cry, cute, expecting, laughing, disappointed, Illustration Style --ar 3:4 --s 400 --niji 6

将文本描述输入到Midjourney中，生成的小女孩表情包效果如下图所示。

出图之后，要进行初步的筛选，评估每组图片中的表情是否准确地传达出预期的情绪。对于不够理想的图像，可以调整描述中的细节，比如加强表情的夸张程度，或改变动作姿势等进行重新生成。看到喜欢的表情包图片后，可以多次单击V按钮来刷新图像，这样能得到很多同系列的图，确保每个情绪的图像都达到满意的效果。

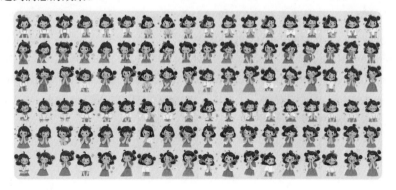

人物表情包生成之后，依次挑选出符合要求的图，进行组合和应用。将挑选出来的表情进行抠图操作，抠出来的表情可以导入Photoshop或者其他图形设计软件中，进行效果图的调整，确保每个表情的尺寸、风格等保持一致。

表情图处理好之后，为这些表情添加趣味性的文案说明。在添加文案时，可以与女孩的性格特点结合起来，凸显表情包的感染力。除了文案说明，还可以根据表情包的形式和构图添加浅色背景，将人物表情与背景融合到一起，让整套表情包更生动、活泼。合成好的小女孩表情包效果如下图所示。

学会了如何生成女孩表情包后，使用同样的方法，只需要改变主体人物的文本描述，就能快速生成不同个性、不同性别的人物表情包设计。例如把上述文本描述中的女孩（girl）修改为男孩（boy），其他的文本描述不用调整。修改后的文本描述为：

Cute boy, IP image design, colorful Vector illustration Style, emoji pack, emoji sheet, multiple poses and expressions, anthropomorphic style, Disney style, Graphic illustration style, brief strokes, line drawing, flat illustration, minimalism, very smooth, Solid color block, Solid background, ultra high quality, exag gerated poses, happy, angry, sad, cry, cute, expecting, laughing, disappointed, Illustration Style --ar 3:4 --s 400 --niji 6

生成的男孩形象表情包如下图所示。

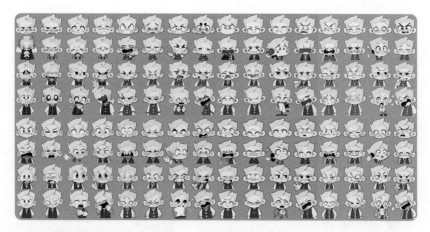

男孩形象表情包的整体效果还是不错的，能够快速识别出来人物不同的表情动态。从中选择出一套效果最好的表情包，继续单击刷新按钮来生成更多相似的表情，方便从这些相似的表情包中进一步筛选出效果更好的图。

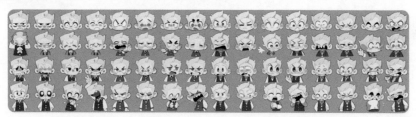

从生成的表情包中挑选出四个表情最有特点的图。为了方便后面对表情包进行设计排版，提前将挑选好的表情进行去除背景的处理，得到一套干净的人物表情包。

接下来根据每个表情包的特点，添加对应的说明文案，这里的说明文案也可以跟男孩本身活泼的性格结合在一起，这样更能体现表情包的趣味性。添加好文案的整套表情包设计效果如下图所示。

除了生成单个的男孩表情包或女孩表情包，还可以换个思路，将人物形象与动物形象结合在一起，这样生成的表情包会更加生动有趣。那么如何将人物形象与动物形象结合在一起呢？这里提供两个容易出效果的方向：人物穿着动物形状的服装、为动物添加拟人化的动作或特征等。

接下来以第一个方向为例分析。让人物穿着与动物有关的衣服或配饰，比如动物图案的T恤、动物耳朵的帽子等。这种结合方向可以让表情包更加可爱活泼，增强用户的互动感和参与感。以一个小男孩穿着鳄鱼套装的形象为例，将上一个案例的文本描述中的男孩（Cute boy）修改为穿着鳄鱼套装的男孩（A cute boy wearing a crocodile suit），其他文本描述不用调整。修改后的文本描述为：

A cute boy wearing a crocodile suit, IP image design, colorful Vector illustration Style, emoji pack, 9 emot icons, emoji sheet, multiple poses and expressions, anthropomorphic style, Disney style, Graphic illustration style, brief strokes, line drawing, flat illustration, minimalism, very smooth, Solid color block, Solid background, ultra high quality, exag gerated poses, happy, angry, sad, cry, cute, expecting, laughing, disappointed, Illustration Style --ar 3:4 --s 400 --niji 6

将文本描述复制到Midjourney中，生成的鳄鱼男孩表情包效果如下图所示。

生成的表情包中，有的图以人物为主形象，有的则以鳄鱼为主形象，为了能得到符合要求的表情包，这个过程需要多次刷新出图，以得到更多的素材。

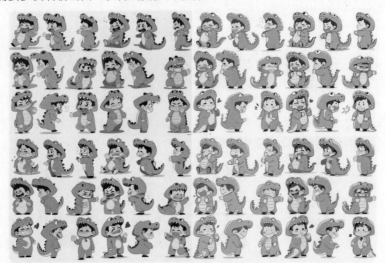

出图后，按照上面讲到的方法对单个的表情包进行筛选和调整优化，确保每个表情都有各自鲜明的特点。同时去除图片的背景，方便后面对表情包进行设计排版。

最后再为每个表情添加上有趣的说明文案，可以选用一些网络流行语来凸显表情包活泼的特点。将文案进行排版合成后，一套生动有趣的鳄鱼宝宝表情包就制作完成了，设计效果如下图所示。

3.7　网页设计

利用Midjourney辅助生成网页设计会存在一定的偶然性，并不是所有的网页风格都能利用Midjourney生成较好的效果，这里总结了三类出图效果相对较好的网页设计风格，即插画风格、实景风格和简约概念风格。

这种分类方式主要是基于视觉元素和设计理念的差异。在视觉元素上：插画风格主要运用绘画元素，包括手绘或数字插画，以独特的视觉效果吸引用户的注意力；实景风格主要运用真实的照片或图像，呈现出自然、真实的效果，强调对细节的呈现和质感的表现；简约概念风格注重简洁性、统一性和现代感，采用简单的图形、字体和色彩，强调布局和交互的流畅性。在设计理念上：插画风格强调艺术性和创意性，通过独特的视觉效果传达品牌形象和情感；实景风格注重真实性和直观性，使用真实的照片或图像给用户带来身临其境的感受；简约概念风格追求简洁、干净和概念化的设计效果，以清晰明了的视觉信息传达品牌的核心价值。

以上每种风格都有其独特的特点和适用范围。在实际设计中，可以根据品牌定位、目标受众和用户体验等因素进行选择和调整，创造出符合需求的个性化网页。

3.7.1　插画风格网页

插画风格的网页通常具有鲜明的个性和创意，适用于各种类型的网站，如自然、艺术、教育等。插画风格可以传达强烈的情感和品牌形象，给用户留下深刻的印象。

插画风格通常具有以下特点。

创意性：运用手绘或数字绘画技术创造出独特的视觉效果，展现出产品的个性和创意。

情感表达：插画风格可以通过图像传达强烈的情感和情绪，使用户对画面产生共鸣和情感连接。

故事性：插画可以讲述产品故事或传达特定的信息，使用户对产品有更深入的了解。

艺术性：插画风格通常具有较高的艺术性和审美价值，为用户带来视觉上的享受。

了解完设计特点后，接下来以一个亲近自然的旅游网页设计为例，通过实操来探索如何利用AI辅助生成网页设计。基于确定的主题和风格，按照"主体描述+风格设定+图像参数"的描述词结构，进行文本描述的整理。

主体描述部分，网页的主体是一个旅游网站设计，画面中的元素有一辆小卡车，营造出自驾出游的氛围。

风格设定部分，网页的设计风格为扁平插画风格，主题色设定为清新的绿色色调，体现春天的感觉；同时需要保持页面的层次清晰，使用极简主义风格，保持页面简洁直观。

图像参数部分，生成的图像要求分辨率高、细节清晰；考虑到是网页长图，出图的比例可以设置为3:4；出图模型可以选择风景模式，更适合生成户外自然场景。

根据分析整理得到的文本描述为：

A travel website design, flat vector style illustration website, cute little truck, spring, fresh green tones, clear layers, minimalism, UI style, enough white space around, keep the interface simple and intuitive, high resolution, details are clearer, 8k --ar 3:4 --niji 6 --style scenic

将文本描述输入到Midjourney中，生成的插画风格春游效果图如下图所示。

从生成的图中能看到，网页首屏的主视觉插画风格符合预期要求，但网页的排版、细节等仍然存在问题。整个过程需要反复出图和比较，筛选出一些方便二次修改的图，再导入设计软件中调整瑕疵和细节。

将筛选好的设计图调整后，先导入放大工具中进行图像画质的修改，提升图像分辨率。最后为网页添加对应的导航栏、网站主标题和引导按钮等元素，对网页进行整体的设计排版，一个春游主题的网站设计就完成了。

春游网站首屏设计完成后，按照同样的设计思路，继续拓展其他主题的网站首屏设计。例如根据春游网站，对应生成一个秋游相关的网页设计，如何借助Midjourney来快速生成对应的效果图呢？操作方法很简单，在上面提到的春游文本描述基础上，将卡车、春天、清新的绿色调（cute little truck, spring, fresh green tones）调整为火车、秋天、黄色调（train, autumn, yellow tone）这些能表示秋游的文本描述，图片生成比例修改为横版的4:3，确保生成效果更好的主视觉图片。

调整后得到的文本描述为：

A travel website design, flat vector style illustration website, train, autumn, yellow tone, clear layers, minimalism, UI style, enough white space around, keep the interface simple and intuitive, high resolution, details are clearer, 8k --ar 4:3 --niji 6 --style scenic

秋游网页主视觉生成效果如下图所示。

经过多次出图和调整后，选择出效果相对好的图，导入图像放大工具中将图像画质放大，提升图像的分辨率。

网站头图变得高清后，继续调整图中的瑕疵，例如Midjourney生成的网页文字不标准，需要进行清除；天空中的元素看着有些杂乱，去除不必要的元素，尽可能保持整个画面的简洁；对火车车身上的装饰元素进行二次调整和修正，确保车身的造型更标准。网页头图优化调整效果如下图所示。

将二次调整好的网页导入设计软件中，添加网站导航、搜索框、网站主标题等相关元素，对网页进行整体的设计排版，一个秋游主题的网站就在很短的时间内设计完成了。

3.7.2　实景风格网页

实景风格网页设计通常采用真实的照片或图像，呈现出自然、逼真的效果。这种设计风格强调对细节的呈现和质感的表现，适用于以产品或服务展示为主的网站，如旅游、家装、电商等网站。实景风格可以让用户感受到实际的产品质量和品牌形象，提高用户的信任感。

实景图片风格通常具有以下特点。

真实性：实景图片能够呈现出真实的场景和产品细节，使用户感受到实际的产品质量。

细节呈现：实景图片风格注重对细节的捕捉和呈现，能够展示出产品的质感和使用效果。

自然感：实景图片风格通常采用自然光线和真实的场景，呈现出自然、舒适的效果。

直观性：实景图片能够直接展示产品或服务的特点，使用户对品牌形象有更直观的了解。

了解完设计特点后，接下来我们仍然以旅游网页设计为例，这次要求页面风格为真实的场景和图片，与上一节讲到的插画风格网页设计形成鲜明的对比关系。基于确定的主题和风格，按照"主体描述+风格设定+图像参数"的描述词结构，进行文本描述的整理。

主体描述部分，网页的主体是旅游网站，需要有真实的场景和摄影图片，网页中能体现出山脉、河流等户外元素。

风格设定部分，页面构成包括logo、导航条、横幅、主要产品、页面页脚等元素，网站设计要求有互动感、专业、美观，再加上Figma、Webflow等专业的设计软件描述词。

图像参数部分，生成的图像要分辨率高、细节清晰，采用v5.2的模型。

根据分析整理得到的文本描述为：

UI webpage design, real scene, photographic picture, travel, mountains and rivers, including logo, navigation bar, banner, main products, web development, ui ux, header, footer, interactive, professional, beautiful website, service button, contact page, Figma, Webflow, white background, high resolution, details are clearer --v 5.2

将文本描述输入到
Midjourney中，生成的实
景风格户外旅游网页效果
如右图所示。

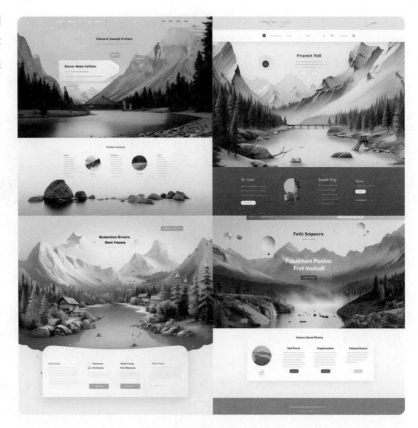

生成的网页整体比较
简洁，页面由一个大的主
图和内容区域构成，主图
为真实的自然风光，图片
的层次感很丰富，有很震
撼的视觉效果。从生成的
网页中，选中效果相对较
好的进行扩展出图，得到
更多相似的网页图。

通过对比这些相似的
网页图，从中选择出效果
最好、网页瑕疵少、二次
修改成本较小的网页，筛
选得到的网页如右图所
示。由于生成的网页中有
很多英文或者不标准的字
体，无法直接应用到实际
设计中，因此还需要对网
页进行二次的细节处理。

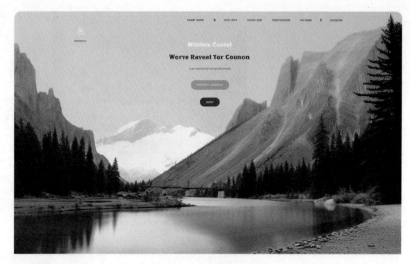

将网页中不标准的字
体遮盖掉，保持网页简洁
的状态，添加网页必备的
全局导航、旅游相关的标
题文案、立即体验按钮，
网页的主图部分就设计完
成了。按照同样的设计方
法，将网页下方的更多内
容区域进行中文的设计排
版，最后调整网页的整体
效果，一个大气简洁的旅
游网页就设计完成了。

接下来继续通过一些网页出图案例来展现实景风格的网页设计效果。介绍完户外旅游类的网页设计，第二个案例是一个室内主题网页设计，让两个主题之间有对比关系。在上面生成的旅游网站文本描述基础上，将描述中的旅行、山脉和河流（travel, mountains and rivers）调整为室内设计、室内网站（interior design, website design）这些能表示主题的文本描述，其他表示风格和出图参数的描述保持不变，这样就能生成风格类似的网页效果图。

调整后得到的文本描述为：

UI webpage design, real scene, photographic picture, interior design, website design, including logo, navigation bar, banner, main products, web development, ui ux, header, footer, interactive, professional, beautiful website, service button, contact page, Figma, Webflow, white background, high resolution, details are clearer --v 5.2

室内主题网站的出图效果如下图所示。

网页能够体现出室内的氛围感，网页的色调、效果有一种高级感。整体效果符合预期的要求。为了能得到效果更好的图，需要我们不断刷新出图。从生成的效果图中筛选出瑕疵较少、容易修改的网页图，如果觉得图片分辨率不高，可以先使用放大工具提高图片的分辨率，然后再导入设计软件中进行调整，去除网页上的文字和一些有瑕疵的地方，确保整个网页看起来干净整洁。

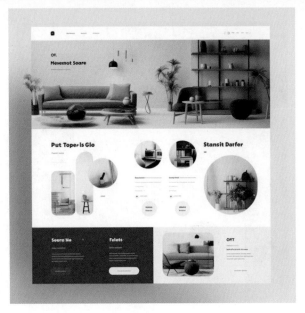

最后为调整好的网页添加上对应的文字内容、按钮、导航等页面元素，对网页的内容区域进行排版优化，一个室内主题的网页就完成了。

第三个案例以绿色食品为主题，继续探索利用AI生成电商网页的效果。以绿色食品中的鸡蛋为主体，在生成的旅游网站文本描述基础上，将描述中的旅行、山脉和河流（travel, mountains and rivers）调整为电子商务网站设计、鸡蛋、绿色、低碳（e-commerce website design of eggs, Green, Low carbon）这些能表示绿色食品的描述，其他表示风格和出图参数的文本描述保持不变，这样就能生成风格类似的网页效果图。

调整后得到的文本描述为：

UI webpage design, real scene, photographic picture, e-commerce website design of eggs, Green, Low carbon, including logo, navigation bar, banner, main products, web development, ui ux, header, footer, interactive, professional, beautiful website, service button, contact page, Figma, Webflow, white background, high resolution, details are clearer --v 5.2

绿色食品主题网站的出图效果如下图所示。

从生成的网页图中筛选出效果较好的，使用图片放大工具提高网页的质量，方便后面对网页进行二次调整。

网页图处理好后，在保持网页排版不变的情况下，将网页中不规范的文字内容进行替换，添加新的标题文案。再根据网页的排版为不同的食品搭配上对应的文字内容，将网页下方的更多绿色食品模块进行统一的样式设计，最后将网页进行整体的颜色和细节调整，让整个网页看起来更加真实。绿色食品网页最终的设计效果如右图所示。

除了生成风景、食品类网站外，继续利用Midjourney来探索生成真实人物为主的网页设计。接下来以一个香水美妆网页设计为例，网页中需要出现女性形象，整个网页要贴合主题体现出氛围感。在旅游网站文本描述基础上，将描述中的旅行、山脉和河流（travel, mountains and rivers）调整为香水、化妆品、漂亮女生（perfume, Cosmetics, Beautiful woman）这些能表示美妆主题的描述，其他表示风格和出图参数的描述保持不变，这样就能生成风格类似的网页效果图。

调整后得到的文本描述为：

UI webpage design, real scene, photographic picture, perfume, Cosmetics, Beautiful woman, including logo, navigation bar, banner, main products, web development, ui ux, header, footer, interactive, professional, beautiful website, service button, contact page, Figma, Webflow, white background, high resolution, details are clearer --v 5.2

美妆主题网站的出图效果如下图所示。

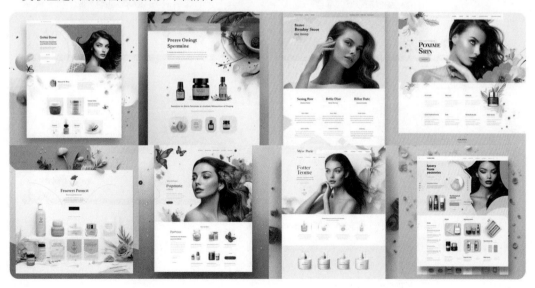

3.7.3 简约概念风格网页

简约概念风格网页设计追求简洁、干净和概念化的效果，以清晰明了的视觉信息传达品牌的核心价值。这种设计风格通常采用简单的图形、字体和色彩，强调布局和交互的流畅性，适用于科技、商业、金融等类型的网站。简约概念风格可以让用户快速找到所需的信息，提高网站的易用性和用户体验。

简约概念风格通常具有以下特点。

简洁性：简约概念风格力求简洁明了，避免过多的装饰和复杂的布局。

统一性：简约概念风格注重整体风格的统一性和协调性，从色彩、字体到布局都保持一致。

现代感：简约概念风格通常采用现代感十足的图形和设计元素，展现出品牌的时尚感和现代感。

功能性：简约概念风格强调功能性和用户体验，布局和交互设计都以用户需求为导向。

了解完简约概念风格的网页特点后，接下来以几个不同主题的网站首屏页面设计为例，讲解如何利用AI辅助完成网页设计。

1. 赛博朋克风格建筑网页

第一个简约概念风格的网页设计主题是建筑，要求将赛博朋克风格融入传统古建筑中，通过强烈的对比来凸显网页的设计感。文本描述主要由两部分组成：一部分是生成网页必备的文本描述，例如UI网页设计，页面构成包括logo、导航条、横幅、主要内容、页面页脚等；另一部分是对主题内容的描述，例如主体部分是中国建筑，采用对称构图，赛博朋克风格，白蓝红的颜色搭配，透明、发光的效果，极简的造型等。将这两部分的描述词组合在一起，得到的完整文本描述为：

UI webpage design, including logo, navigation bar, banner, main products, web development, ui ux, header, footer, Chinese architecture, symmetrical composition, X-ray, transparent, cyberpunk, architectural structure, bioluminescence, white and blue and red, minimalist shape --ar 16:9 --v 5.2

生成的赛博朋克风格建筑网页效果如下图所示。

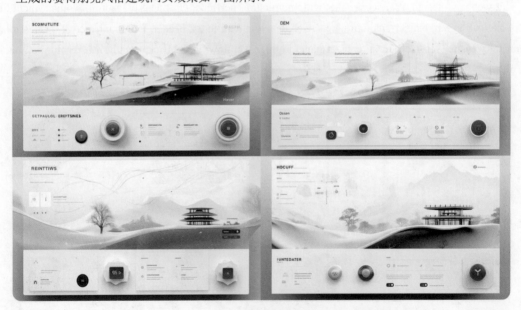

生成的建筑网页效果比较概念化，有其独特的风格和色彩主题。图像中的建筑具有明显的对称性和几何形状，这种设计在网页布局中经常被采用，以创造出一种秩序感和现代感。

同时，赛博朋克风格整体倾向于使用大胆的视觉语言，通过对比鲜明的色彩、强烈的视觉冲击和富有表现力的设计元素来吸引用户。

2. 未来主义风格建筑网页

第二个简约概念网页设计主题同样是建筑，要求体现未来主义的风格，网站要抽象、简约。同样，这种风格的文本描述内容也是由生成网页必备的描述词与主题描述这两部分组成，其中，生成网页必备的描述词保持不动。对于主题内容的描述，可以改为一个人正在走进未来主义的白色建筑的场景，将人物与建筑形成对比关系，画面要求简约、梦幻，颜色上采用天蓝色和白色这类干净、简洁的颜色。

将这两部分的文本描述组合在一起，得到的完整描述为：

artistic fashion model in white walking into a futuristic white structure, Emerald and orange, in the style of animated gifs, classic Japanese simplicity, sky-blue, silence, dreamlike architecture --ar 16:9 --v 5.2

生成的未来主义风格建筑网页效果如下图所示。

Midjourney生成的未来主义风格建筑网页具有现代感和未来感，设计风格干净、流畅。网页中大量使用了流畅的曲线和有机形状，这些形态不仅出现在建筑设计中，也体现在网页的按钮、图标和其他界面元素上，营造了一种动感。

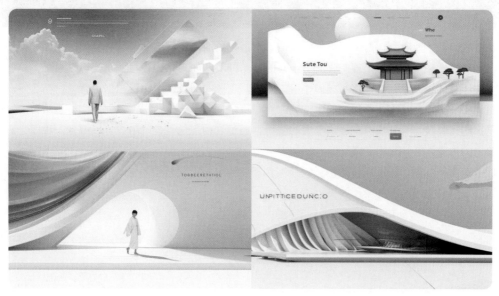

此外，网页中借鉴了现代建筑中的空间概念，如大面积的留白、简洁的背景，这在网页设计中有助于突出内容，提供清晰的导航路径。网页中的文字内容排版清晰，空间利用得当，保证了阅读的舒适性和效率。这样的设计风格适用于那些想要传达创新、清新和高效率概念的产品或公司，特别是科技领域的公司。这种风格不仅能带来视觉上的吸引，还能体现出对用户体验和品牌形象的追求。

3. 太空主题网页

第三个案例是太空主题的简约概念网页设计，要求体现太空、地球等元素，网页效果要充满未来感和科幻感。对于网站主题，可以描述为一个太空的场景，其中有月亮和地球，形成旋涡，场景中还有水存在，表达一种清冷的气氛，整个场景充满科幻感和未来感。主题内容的文本描述有了以后，再加上生成网页必备的描述词，将这两部分的文本描述组合在一起，得到的完整描述为：

One moon in the sky with another earth, in the style of swirling vortexes, futuristic settings, science fiction, luminosity of water, chillwave --ar 16:9 --v 5.2

生成的太空主题的网页效果如下图所示。

从生成的图中能看到，整个网页不仅仅是一个信息页面，还创造了一种情境和故事性，使用户感觉自己正在探索一个虚构的宇宙。画面中丰富的视觉细节，如星光、行星环、光晕效果等，这些都模拟了太空环境的设计，起到强化主题的作用。同时，生成的网页使用深蓝和黑色背景，结合星球、星系和星云的图像，创造出一种深邃的宇宙感。这些特点适合希望传达探索、创新和科学精神的产品，特别是那些在科技、天文或深空领域探索的公司。通过这种视觉语言，用户可以得到一种既直观又富有想象力的体验。

以上是不同主题、不同风格的网页设计案例和特点分析，灵活使用Midjourney作为辅助工具，能够快速完成更多主题的网页设计效果。

第4章 AIGC设计实践——运营设计

4.1 运营活动分类介绍

在当下的商业环境中，各类商业竞争无处不在，日益激烈。而在此背景下，运营设计扮演着举足轻重的角色。运营设计不仅仅是视觉效果的呈现，更是融合了设计思考、产品洞察和设计技巧的综合体。运营设计在追求视觉美感的同时，深入洞察用户需求，精准把握产品营销的脉络，以实现持续的流量增长和品牌曝光。运营活动通常具有周期性短但时效性强、业务目标和用户群体清晰等特点，助力企业在激烈的市场竞争中脱颖而出。

根据项目的重要程度，我们可以将运营活动分为年度活动、节日热点活动、日常推广活动三种常见的类型。

1. 年度活动

年度活动通常是平台级、行业级的活动，是企业或品牌一年中最为重视的大型活动，常见的有"双十一"、周年庆典、新年红包等活动。这类活动的筹备期较长，通常为1～3个月，例如淘宝、京东的"双十一"或"618"，基本都有两个月以上的筹备期，线上运营期一般是10～30天，结束后的影响评估和反馈收集也会持续一段时间。同时，这类活动往往资源和预算充足，注重营造仪式感和参与感，有助于打造有影响力的产品形象。

这类活动对于设计师来说属于重中之重的项目，需要产出大量的设计物料，整个活动需要设计师深入调研和精心设计每个环节，还需要结合多种玩法和规则来支撑起整个复杂的活动，特别考验设计师的整体把控能力。

2. 节日热点活动

节日热点活动是指紧跟节假日或热点事件的短期活动，常见的有双旦节、情人节、中秋与国庆、出游季、高考季等。这类活动的时效性强、互动性高，利用节日氛围迅速引发用户共鸣并提升用户参与度，形式多样，创意丰富。同时，这类活动周期相对较短，通常围绕特定节日或热点的前后几天在两周内进行，需要快速响应，把握时机。

这类活动虽然能借助节日或热点的自然流量来提升参与度和曝光量，但如果想在短时间内吸引更多用户的关注，还需要具备较高的创意水平，需要设计师在短时间发挥足够的创意进行设计。在设计时，最好能在活动中巧妙地融入品牌信息，实现品牌传播的目的。

3. 日常推广活动

日常推广活动是指产品的常规活动，形式灵活多变，例如限时折扣、会员日优惠、互动小游戏等。这类活动的周期灵活，可以是每日、每周或每月，持续不断地吸引用户关注和参与。此类活动的目的主要是维持稳定的流量，通过持续的互动促进产品的活跃度，增强用户黏性。

这类活动贯穿项目或产品的整个生命周期，包括抢红包、限时秒杀、助力领券、抽奖等多种多样的活动形式，设计师需要注重对于活动创新性和设计细节的把控。

综上所述，不同类型的运营活动各有侧重，但共同的目标都是通过精心设计的营销策略和视觉方案，提升品牌的影响力，增加用户参与度，最终驱动业务增长。此外，运营设计的需求量大且频率高，其中最复杂的一点是活动的种类和产出形式多种多样，包括活动专题设计，H5页面设计，各类广告位banner、弹窗、浮窗和开屏页等活动入口设计，甚至还需要设计线下的宣传海报、手册折页、展板等印刷物料。

总的来说，运营设计非常考验设计师的综合能力。而随着AIGC如火如荼的发展，学会利用AI工具来辅助完成运营活动设计已经成了大家的共识。面对不同类型和优先级的运营活动，采用不同的设计思路来灵活把握AI工具，能达到事半功倍的效果。在接下来的章节中，将通过多种不同类型的运营设计实践案例，展开介绍如何借助Midjourney等AI工具来做出一系列高效且高质的运营活动设计图，系统掌握从前期调研、设计解析、AI出图到设计合成等一套完整的AI运营设计方法。

4.2 新年主题运营设计

4.2.1 项目背景

本次的案例是一套新年专题活动页设计"龙年翻卡送福利",以龙年为主题进行创作,实现春节期间的翻卡+做任务+领好礼的拉新玩法,吸引用户参与活动。下面以这个需求进行设计延展,全程用Midjourney辅助设计。

4.2.2 活动框架

本次活动的主线玩法为翻卡送福利,免费提供5次翻卡机会,通过翻卡来兑换新年礼包,机会用尽后,通过做任务的方式来获取更多翻卡机会。辅助玩法是邀好友领福利、邀好友翻卡和送好友祝福。

通过主线与辅助玩法的结合,提升春节期间的用户活跃度和活动参与度,起到提升留存、引导裂变的效果。

活动流程和玩法确定后,接下来需要做的就是如何让活动在满足需求的前提下,在页面中更出彩地呈现出来。

首先将活动的首页划分为不同的操作区域,例如主视觉区、操作区、卡片区和互动区,以便满足多样的活动玩法;接下来根据页面的区域划分、页面的层级结构,把页面的交互框架搭建出来。有了清晰标准的交互框架作为基础,后面再设计页面的视觉效果时能够更加有条不紊。

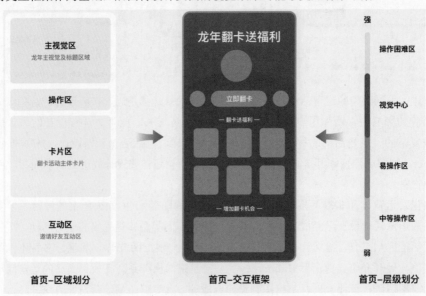

需要注意的是，无论是采用传统的设计方法，还是使用AI来辅助进行设计，前期的设计研究过程都是不可缺少的。前期的设计目标和页面框架分析，能够为设计师提供清晰的设计思路。只有方向明确且清晰，在设计的时候才能高效地利用资源和时间，取得更好的设计成果。

尤其是对于新手设计师，在接到设计项目时，不要急于投入到页面的视觉设计效果中，而应该花费足够的时间来确定项目目标和设计方向，验证方案的可行性。

4.2.3　设计流程

有了活动页的交互框架作为基础，接下来就可以具体思考页面中的主视觉区、操作区、卡片区和互动区这四个区域，分别需要呈现出怎样的效果或场景，再结合AI进行辅助出图。

整个设计的流程可以分为五个步骤：

（1）页面创意方向分析；

（2）确定画面元素，找相应的设计参考图；

（3）AI辅助出图；

（4）设计素材合成优化；

（5）活动专题页完整设计。

4.2.4　活动页主视觉区设计

明确了设计流程之后，接下来则需要按照不同的区域分别进行设计。活动页中的主视觉区域，是最能突出活动主题和视觉效果的地方，也是最能发挥AI作用的区域，所以先以该区域为例，探究如何利用AI来辅助完成设计。

1. 分析创意方向

首先设计师需要根据主题来设定创意，围绕"龙年"和"送福"这两个需求关键词进行头脑风暴，想出更多相关的创意方向。

为了能营造节日氛围并吸引参与者，需要考虑多个设计元素，例如能突出龙年春节的龙的形象和图案；红色或金色为主色调的主题背景色；使用其他传统图案，如福字、灯笼、鞭炮、梅花等，这些图案都能很好地体现春节的文化内涵。

经过创意分析和头脑风暴后，主视觉的页面设定为开门送福的活动场景，其中使用龙的IP形象作为主体，这样既能呼应龙年的主题，又能和翻牌送福的活动结合起来。

通过进一步整理主视觉的设计思路，总结出主视觉中需要的设计素材分为三大类：

（1）龙年IP卡通形象，作为活动中的主体形象；

（2）敞开大门的中国传统建筑，作为背景层使用，突出节日氛围；

（3）新年传统元素，起到装饰画面的作用。

在确定画面需要的设计素材后，我们还需要参考优秀案例来确定主视觉的基调和风格。这些优秀案例不仅能帮助我们确定整体的方向，还能为我们提供创意灵感，以下一些优秀案例可以供参考。

主体形象　　　　　　　　传统建筑　　　　　　　　装饰元素

2. 龙年IP形象生成

考虑到主视觉中涉及的设计素材比较多，如果用Midjourney直接生成匹配度高的图片可能比较困难。而且，由于生成的是一整张图没有分图层，后期就很难对图片进行二次调整。

因此，我们可以采用另外一种思路：在用Midjourney生成比较复杂的设计图时，先整理好需要用到的素材，用Midjourney生成单个素材，然后再进行合成和优化。这种方法具有极高的可控性，后期在合成素材的时候会有更大的操作空间，能更好地满足设计需求。

1）IP形象文本描述梳理

我们首先以"龙年IP卡通形象"进行演示，按照"主体描述+风格设定+图像参数"的描述词结构，主体部分就是龙年IP形象，再依次补充主体的属性和材质、想要的出图风格以及图像的质量等描述，整理得到的文本描述如下。

主体描述		风格设定		图像参数	
主体	一个小龙	风格描述	3D、黏土	图像精度	高清
颜色	红金，渐变色	环境背景	浅色背景	图像质量	最佳品质、8K
特点	可爱、卡通	参考风格	任天堂	模型	Niji5
材质	光滑、光泽				

将这些文本描述提炼整理后，能得到一组中文描述，借助翻译软件或prompt工具，将中文描述转换为可用的英文文本描述，如下图所示。

龙年IP形象的文本描述如下：

Cute little dragon, Red and gold, Gradient color, Lovely, smooth, Luster, 3D, clay, Cartoon, Nintendo, The best quality, HD, 8K --niji 6

2）AI生成IP形象

因为我们的主题属于中国传统节日风格，如果只使用文生图的出图方法，Midjourney可能无法准确地生成具有中国特色的设计素材。

因此，这里比较适合使用垫图+文生图的出图方法，通过垫图来控制IP形象的风格。Midjourney对图片的识别权重会高于对文本描述的识别。这里我们想生成3D卡通风格的龙年IP形象，在搜集参考垫图的过程中，要找和想生成的风格特别相似的参考图。

参考垫图找好之后，还需要对垫图进行处理，使用最简单的遮挡去除就可以，把垫图中不必要的文字、装饰去除掉，避免影响出图的效果。

垫图处理好之后，单击加号按钮将参考图上传到Midjourney中，右击上传好的参考图获取地址留作垫图使用。另外，可以多垫几张图，但注意风格要保持一致。

加上垫图链接后的龙年IP形象文本描述为：

https://s.mj.run/4IHSpaVHXNs Cute little dragon, Red and gold, Gradient color, Lovely, smooth, Luster, 3D, clay, Cartoon, Nintendo, The best quality, HD, 8K --niji 6 --iw 1

最后的--iw参数可以根据实际效果进行灵活调整。

在Midjourney中输入/imagine指令，将垫图链接和文本描述一起复制到输入框中，进行出图操作。多刷新几次后，生成的IP形象效果如下图所示。

虽然出图的过程中使用了垫图，但生成的素材图中仍会出现瑕疵或者结构不对的情况。

在尽可能找到最合适的素材的基础上，还需要对主体物的细节进行最后的调整，例如手部、装饰等，最后再去除背景，就得到了一个可用的龙年IP素材。

AI出图　　　　　　　　　　　　　　　　　　　　　调整图

3. 建筑背景图生成

龙年IP形象生成之后，我们按照同样的方法继续生成主视觉图中的建筑背景图。

1）背景图文本描述梳理

建筑背景图的设计风格应该与IP形象的风格保持一致，这样后期合成设计图的效果才会更好。按照"主体描述+风格设定+图像参数"的描述词结构，对建筑背景图进行文本描述分析：

主体描述是中国的传统拱门，表现中国新年和中国新春佳节的概念，颜色上选用红色和金色，搭配红金渐变色，具有光泽；

风格设定上，与IP形象的风格保持一致，采用3D、黏土的卡通风格；

图像参数上，采用高清的图像精度，最佳的图像质量，8K。

将文本描述提炼整理后，得到的中英文对照文本描述如下图所示。

建筑背景图的文本描述如下：

Chinese new year, in the style of arched doorways, Chinese new year festivities, tang dynasty, 3D, clay, Cartoon, Nintendo, Lovely, smooth, Luster, Red and gold, Gradient color, The best quality, HD, 8K, --niji 5

2）AI生成背景图

这里继续使用垫图+文生图的出图方法，从设计素材网站中寻找符合要求的背景图作为垫图参考。如果有多张参考垫图，最好这些图都能保持一致的颜色和风格，这样Midjourney才能更好地识别出图。

将参考图上传到Midjourney后，将获得的垫图链接复制到文本描述的最前面，最后得到背景图完整的文本描述为：

https://s.mj.run/Lac-pXCwWgI Chinese new year, in the style of arched doorways, Chinese new year festivities, tang dynasty, 3D, clay, Cartoon, Nintendo, Lovely, smooth, Luster, Red and gold, Gradient color, The best quality, HD, 8K, --niji 6

在Midjourney中输入/imagine指令，将完整的文本描述复制到输入框中，进行出图操作。背景图相对复杂，可以一次多刷新几组图片出来，生成的背景图素材如下图所示。

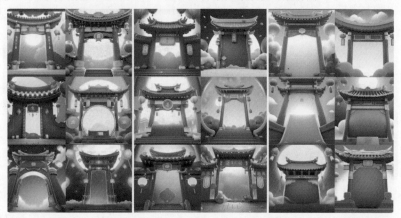

从生成的素材中能看到，每张图的视觉效果都很好，但却各不相同。因此在筛选背景图素材时，非常考验设计师的审美能力与筛选能力。从众多素材中选出最合适的背景图素材后，单击对应的U按钮，对选中的素材进行放大处理。

在这个基础上，需要对筛选出来的背景图进行二次调整，例如去除不必要的牌匾、地面装饰等，尽可能保持背景图的简洁。另外，由于Midjourney无法生成标准的中文字体，因此将背景图中的对联文字替换成"恭喜""发财"，更好地表达新年主题。

经过这些细节调整，就能得到一个可使用的建筑背景图素材。

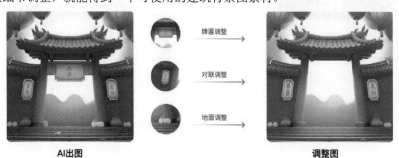

AI出图　　　　　　　　　　　　　　　　　　调整图

4. 装饰元素生成

IP形象和背景图生成之后，最后还差主视觉图中的装饰元素，具体生成哪种装饰元素，根据前期的设计思路和页面需要进行灵活调整。

根据已生成的龙年IP形象，这里想打造一个手捧金元宝的IP造型，呼应送福利的节日主题。按照这样的思路，使用上面讲到的方法继续生成金元宝装饰元素。

1）装饰元素文本描述梳理

金元宝元素可以使用和IP形象相似的文本描述，只需要将主体描述部分改为"金元宝"即可。金元宝装饰元素的文本描述如下：

Gold ingot, 3D, clay, Cartoon, Nintendo, Lovely, smooth, Luster, Red and gold, white background, Gradient color, The best quality, HD, 8K, --niji 5

如果画面中还需要其他的装饰元素，例如鞭炮、灯笼、福袋等，都可以使用这套文本描述，只需要更改主体部分即可。

2）AI生成装饰元素

继续使用垫图+文生图的出图方法，从设计网站中寻找符合要求的装饰元素作为垫图参考，这样能以最快的速度得到想要的素材。

将垫图链接和文本描述复制到输入框中，进行出图操作。简单刷新几次就能生成不错的素材，如下图所示。

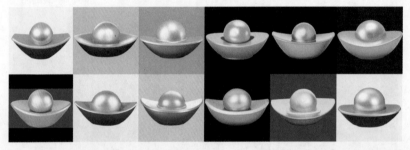

装饰元素的形状相对比较简单，生成的素材不会有太明显的瑕疵，因此筛选起来不会太耗费时间，只需要从生成的素材中选择一个角度、透视都没问题的即可。最后对筛选好的素材进行去背景处理，就能得到一个可使用的装饰元素。

AI出图　　　　去除背景　　　　效果图

5. 主视觉创意合成

IP形象、背景图和装饰元素这三类素材全部生成之后，接下来切换到设计软件中，对这些素材进行设计合成。

首先对背景图的比例进行裁切处理，增加大门的视觉占比，提升画面的视觉冲击力。同时弱化模糊背景图中灯笼的颜色，让大门与灯笼拉开层次。

在处理好的背景图上，将龙年IP形象和装饰元素金元宝融入画面中，调整好IP形象和装饰元素在画面中的比例。

画面中的元素融合好之后，添加主题文字"龙年翻卡送福利"，为标题加上传统风格的边框，做成立体的效果，增加标题的厚度和可识别性。

继续丰富画面，例如在IP形象周围添加光线扩散效果，强化视觉效果；在画面中添加一层半透明模糊的云彩效果，让画面的前景、中景和后景色有层次区分，强化节日氛围。最后再调节画面的颜色，确保整体颜色统一，这样一张主视觉设计效果图就完成了。

4.2.5　活动页操作区设计

活动页的主视觉区域合成好之后，接下来开始操作区的设计。操作区属于活动页的功能入口，包括翻卡按钮、做任务和领好礼等不同的交互入口。操作区的设计需要保持简洁清晰，能吸引用户点击参与活动。接下来我们一起探究操作区该如何设计。

1. 操作区设计分析

在正式设计前，我们可以先在设计网站中调研分析活动页操作区的设计构成和设计风格。通过参考案例能发现，操作区的构成相对简单，中间区域为主功能按钮，主按钮的左右两侧为活动辅助入口。其中，主按钮的视觉占比最大，两侧的入口通常会搭配个性化的图标，起到活跃页面气氛、吸引用户点击参与活动的作用。同时，操作区的颜色和风格与整个活动页需要保持高度一致。

通过分析，我们可以考虑在本次活动页主按钮两侧添加做任务入口和领好礼入口。例如，做任务用传统风格的灯笼作为示意，领好礼用传统风格的福袋作为示意，再利用Midjourney来辅助生成这些图标素材，从而完成操作区的设计。

2. 操作区素材生成

按照这样的设计思路，我们先以表示"领好礼"的福袋图标作为示例，看看如何利用Midjourney来辅助出图。为了能让生成的福袋素材风格与主视觉的风格保持一致，福袋的文本描述可以沿用前面讲到的金元宝的文本描述，只需要将主体描述改为"福袋"即可，修改后得到的福袋文本描述如下：

lucky bag, 3D, clay, Cartoon, Nintendo, Lovely, smooth, Luster, Red and gold, white background, Gradient color, The best quality, HD, 8K, --niji 6

在出图前，最好能找一些参考图作为垫图，这样能更快得到想要的素材效果图。将垫图链接和文本描述一起复制到输入框中，进行出图操作，生成的素材图如下所示。

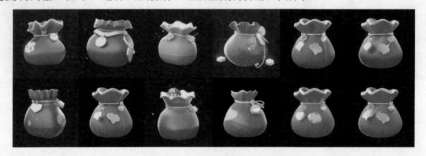

用同样的方法，继续生成表示"做任务"的灯笼图标。将上面文本描述中的主体描述改为"灯笼"，修改后得到的灯笼文本描述如下：

China lantern, 3D, clay, Cartoon, Nintendo, Lovely, smooth, Luster, Red and gold, white background, Gradient color, The best quality, HD, 8K, --niji 5

经过多次刷新出图后，Midjourney生成的灯笼效果如下图所示。

两个素材全部生成好之后，从中筛选出风格相对统一、没有瑕疵的素材进行放大处理。将筛选好的素材去除背景，方便后面运用到页面中进行设计排版。

3. 操作区创意合成

福袋和灯笼的图标素材筛选好后，分别为图标搭配上"领好礼"和"做任务"的文案说明，将文案和图标组合在一起进行排版。

排版的时候需要提前考虑好两个入口的位置，确定好哪个在左侧哪个在右侧，这样更方便我们进行一些个性化的排版。另外入口还可以添加一些传统的装饰元素，例如祥云纹，更好地呼应活动主题。

左右两个入口设计完成后，还差中间的"立即翻卡"大按钮的设计，通过上面对案例的分析能够发现，主按钮不需要过多的装饰性元素，但要足够突出，能在第一时间吸引用户的视线，进而引导用户点击参与活动。

因此在主按钮的颜色上，选取与主题红色产生强烈对比的金色，这样主按钮更加明显，能快速吸引用户的注意力；按钮的样式上，加入传统祥云纹作为装饰，既能强化主题，又和另外两个入口保持统一，整个操作区看起来更加协调。

将设计好的素材排版整合到一起，再统一进行调色，活动页的操作区就设计完成了。

4.2.6　活动页互动区设计

　　操作区完成后，接下来继续设计活动页的互动区。互动区主要是邀请好友参与活动、与好友进行互动分享的入口，起到引导裂变的作用。

　　互动区需要对用户有足够的吸引力，让用户能够有所收获，只有这样用户才愿意将活动分享给更多的好友。因此可以从两方面着手考虑互动区的设计：一方面是突出福利和权益的展示，让用户能一眼看到；另一方面是搭配有质感的设计，让整个互动区更有吸引力。

1. 互动区设计分析

　　为了增加活动分享的多样性，让用户能获得更多福利，可以将互动区分为邀请好友翻龙卡、好友互送祝福、分享解锁福利三种不同类型的分享裂变方式。三种分享方式分别代表不同的权益，例如邀请好友翻龙卡帮助用户领取翻倍福利，好友互送祝福帮助用户增加翻卡机会，分享解锁福利为用户解锁神秘福利。

　　通过多种分享方式和多重福利的加持，降低用户分享活动的门槛，以此来提高参与活动的积极性。

互动区分享方式分析

三种分享方式确定后，接下来继续利用Midjourney来辅助生成图标素材。图标依然采用传统的风格样式，例如用传统中国结来表示领取翻倍福利，用传统福扇表示更多翻卡机会，用鞭炮表示神秘福利，以此共同完成互动区的设计。

2. 动区素材生成

为了能让生成的素材与活动页整体的风格保持一致，互动区素材的文本描述可以复用操作区图标素材的文本描述，只需要将主体描述改为需要生成的素材即可，文本描述模板为：

主体描述+3D, clay, Cartoon, Nintendo, Lovely, smooth, Luster, Red and gold, white background, Gradient color, The best quality, HD, 8K --niji 6

将中国结、福扇、鞭炮三个主体描述分别替换到上述的文本描述模板中，这样能确保页面中的图标都保持统一的风格，得到的完整文本描述依次为：

Chinese knot, 3D, clay, Cartoon, Nintendo, Lovely, smooth, Luster, Red and gold, white background, Gradient color, The best quality, HD, 8K --niji 6

Chinese fan, 3D, clay, Cartoon, Nintendo, Lovely, smooth, Luster, Red and gold, white background, Gradient color, The best quality, HD, 8K --niji 6

Firecracker, 3D, clay, Cartoon, Nintendo, Lovely, smooth, Luster, Red and gold, white background, Gradient color, The best quality, HD, 8K --niji 6

将这些描述依次复制到Midjourney中，进行多次刷新跑图，最后生成的素材如下图所示。

三组素材全部生成好之后，分别筛选出效果好、风格统一的素材，并将选好的素材导入软件中去除背景，方便后面进行设计排版。

3. 互动区创意合成

将素材处理好后，接下来进行素材和文案的排版合成。我们先以"邀请好友翻龙卡"这个分享方式为例，将处理好的中国结素材放在分享卡片的右侧作为图形区，分享卡片的左侧为文案区，文案说明包括：表示分享方式的主标题、表示用户权益的副标题、立即邀请按钮。

将文案和素材组合在一起进行排版，再添加上传统边框和祥云纹样作为装饰，合成得到的"邀请好友翻龙卡"分享卡片效果如下图所示。

利用同样的合成方法，再将"好友互送祝福"和"分享解锁福利"的卡片进行合成。最后将做好的三个分享卡片组合到一起，再根据分享方式的主次程度，放大相对重要的分享卡片的比例，这样互动区的设计图就完成了。

4.2.7 活动页合成及视觉延展

1. 活动页设计合成

通过Midjourney的辅助出图，陆续完成了活动页主视觉区、操作区、互动区的素材生成和设计，目前还差卡片区的设计。

卡片区由一系列龙卡组成。龙卡通常采用扁平式的设计风格，因为本次活动主题和春节相关，因此在龙卡设计中可以加入龙形纹、祥云纹、花样纹、中式边框等传统风格的素材，这样既能让龙卡的样式更吸引用户点击，又能起到突出活动主题的作用。

考虑到使用Midjourney很难准确地生成标准的中国传统风格扁平纹样，因此这里建议龙卡的设计不使用Midjourney来辅助生成，而是直接在Photoshop或Illustrator等设计软件中进行设计，将龙卡做成矢量可编辑的素材，这样更方便后期对龙卡进行二次修改和复用。整个龙卡的设计步骤相对简单，先用传统纹样组成龙卡的框架结构，再添加上标题、选择按钮等元素，一张龙卡就设计完成了。

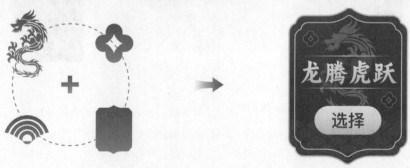

龙卡的样式设计好之后，卡片区中的其余龙卡可以使用统一的样式，只需将标题文案"龙腾虎跃"变换为其他龙年祝福，就能快速得到一系列龙卡。

龙卡全部做好后，加上"翻龙卡送福利"标题和"我的礼品"按钮，整个卡片区就合成好了。

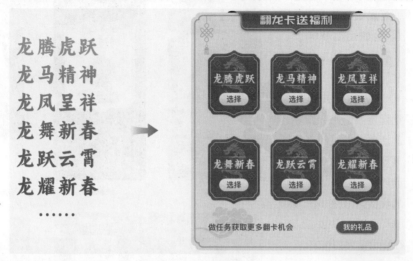

活动专题页的四部分全部设计好之后，接下来按顺序将这四部分组合到一起。由于活动页的每个区域是单独设计的，在最后合成到一整张图的时候，还需要整体调整一下页面的颜色，确保每部分的颜色保持统一。最后再把活动专题页的背景填充为红色，这里为了让页面的新年氛围更浓厚，可以考虑在背景中加入繁体龙字纹样或其他传统纹样，让整张页面的视觉层次感更丰富。

2. 活动页视觉延展

活动专题页的视觉图设计好之后，根据活动运营推广的要求，可以将竖版的专题页延展成其他一些常用的视觉图尺寸，例如活动开屏页、活动banner、活动弹窗、活动红包封面等。

有了活动专题页的设计作为基础，其余的视觉延展做起来会相对容易。而且，本次活动专题页的设计图是按照不同的区域，利用Midjourney分别生成和设计的，这样在做视觉延展的时候会更加灵活，避免了直接用Midjourney生成一张图，导致后续无法分解图层进行视觉延展的情况。

建议大家在结合AI做类似复杂的专题活动时，也采用类似区域划分的设计方法。另外，还需要注意视觉延展图要与活动专题页保持统一的风格，这样能为用户带来更流畅的使用体验。

App 开屏页

活动弹窗

活动红包封面–大

活动 banner

活动红包封面–小

经过上述对设计思路、流程和AI出图设计实操的详细讲解，整个龙年春节专题活动的设计图就全部完成了。

4.3 周年庆主题运营设计

4.3.1 项目背景

一款专业好用的求职招聘App，在过往5年的发展中，和众多用户见证了彼此的成长，助力数百万求职者找到理想工作，为企业输送了大量优秀人才。此次5周年庆典，旨在回顾过去、展望未来，同时深化用户对品牌的印象，增强互动感。

4.3.2 活动目标

此次周年庆活动设计，确立以"职聘5载，携手共未来"为周年主题，期望打造出品牌的周年属性，强化品牌影响力，树立行业标杆形象。同时，App的品牌理念和IP形象全面焕新，通过趣味的互动、丰富的礼品等运营活动，实打实回馈用户，共庆5周年。

4.3.3 设计思路

从"职聘5载，携手共未来"这个主题出发，明确周年庆活动的核心目标。在行业属性上，体现求职招聘氛围，让求职者对未来充满期待，让招聘方为引入人才打下基础；在节日属性上，体现5周年氛围，通过活动视觉图的设计，让大家直观感受到周年是第5年；在品牌属性上，体现创新创业氛围，展现数字化时代积极向上、不断创新的品牌理念。

4.3.4　周年庆活动图设计

周年庆活动图作为整个活动中最重要的主视觉设计图，起到凸显周年氛围和吸引用户参与的作用。通过分析对比类似的活动图设计能发现，活动图主要由活动标题、主体形象、背景图这三部分内容构成。

既然我们的需求是设计一张周年庆活动图，那么直接用Midjourney生成一整张活动图是不是最快、最省力呢？其实不然，这种看似省力的方法其实暗含着很多的成本。例如，如果使用Midjourney直接生成一整张活动图，首先由于图中的元素比较多，生成的效果不容易把控；其次由于是一整张活动图没有分图层，如果想修改活动图中的某个元素也会比较麻烦，修改成本比较高。

因此，这里最优的设计方案是借助Midjourney分别生成主体形象和背景图这两部分的内容，再将这些内容进行设计合成，组合形成一个完整的周年庆活动图，这样才能最大化提升工作效率。

关于本次周年庆活动图的主体形象部分，考虑到很多招聘App都有自己专属的品牌IP形象，更容易被用户记住。因此本次的周年庆活动设计也将IP形象作为活动图的主体部分，通过一个好的IP形象拉近与用户之间的距离，让大家积极参与到活动中。接下来一起看看如何借助Midjourney生成IP形象和背景图，进而设计合成出一张完整的周年庆活动图。

1. IP形象设计

1）IP设计理念

App的IP形象借鉴国宝熊猫的特点，采用圆润的身体、短小可爱的四肢，给人一种活泼亲近的感觉。装扮上，保留熊猫的形象特点，融入现代元素，如时尚的衣服等，使形象更具年轻化。为了让IP形象能传达出求职的概念，可以让IP形象手中拿着简历，寓意着求职者通过平台寻找工作机会，向心仪的企业投递简历。这样的IP形象充满亲和力和信任感，给人可靠的感觉，拉近求职者与企业的距离。

2）IP形象文本描述梳理

接下来根据对IP设计理念的分析，整理生成IP形象需要用到的文本描述。按照"主体描述+风格设定+图像参数"的描述词结构，主体部分就是熊猫IP形象，再依次补充形象的特点和风格、想要的出图风格以及图像的质量等描述，整理得到的文本描述如下。

主体描述		风格设定		图像参数	
主体	一只熊猫	风格描述	3D简洁、卡通形象、IP	图像精度	超高清、精致的细节
特点	可爱、卡通	背景描述	浅色背景	渲染描述	OC渲染、3D渲染
装扮	穿着蓝色的西装	参考风格	泡泡玛特、C4D	模型	Niji6
动作	拿着简历				

如果想生成带有三视图效果的IP形象，可以在上述描述的基础上加入生成三个视图（前视图、侧视图和后视图）的描述，加上三视图后的IP形象完整描述为：

3D, Full body, generate three views, namely the front view, the side view and the back view, a white panda, cartoon character, cute, wearing dark blue suit, holding resume, pure white background, Bubble Mart style, clean and simple design, ip design, and colorful, detail character design, exquisite details, C4D, OC renderer, ultra high definition, 3D rendering --niji 6

3）AI生成IP形象

文本描述整理完成后，将其复制到Midjourney中进行出图，为了确保生成的图像质量，需要多次刷新进行出图。生成的IP形象效果如下图所示。

从生成的素材图中选择符合要求的IP形象，得到一组基本的IP形象三视图效果。如果还想让IP形象更换其他的动作或姿势，可以在保持IP形象不变的情况下，使用Vary（region）功能框选需要变换动作的区域，再在文本描述中添加能表达不同动作和表情的文本描述，如 multiple pose and expressions。使用局部重绘功能生成的熊猫IP形象动作效果如下图所示。

从变换动作的IP形象素材图中筛选出动作、神态、表情各有特色的IP形象，进行下一步的去背景和细节处理，方便后面进行设计应用。处理得到的IP形象动作效果如下图所示。

动作一　　　　　　动作二　　　　　　动作三

2. 背景图设计

根据本次周年庆活动的主题，背景图的设计最好能与求职招聘的主题联系到一起，体现出携手一起走向未来的概念。这里将背景图的设计方向定义为一个未来主义风格的城市景观，这样不仅能体现出科技创新的特性，还能强调出品牌在数字化时代积极向上、不断创新的品牌理念。

1）背景图文本描述梳理

接下来按照"主体描述+风格设定+图像参数"的描述词结构，以未来城市为主体，根据背景图的设计方向整理得到的文本描述如下。

主体描述		风格设定		图像参数	
主体	城市天际线	风格描述	现代简约风格、未来感	图像精度	超高清8K、细节丰富
场景	高楼林立、公路穿梭	背景描述	蓝天白云	渲染描述	OC渲染
颜色	浅紫色、浅蓝色	参考风格	C4D效果	模型	Niji6
特点	光照强烈				

整理得到的背景图文本描述为：

Urban skyline, towering buildings, highways shuttle through, light purple and light blue, strong lighting, blue sky and white clouds, vivid colors, futurism, modern minimalist style, C4D, OC renderer, ultra high definition, 8k, high quality --ar 16:9 --niji 6

2）AI生成背景图

文本描述整理完成后，将其复制到Midjourney中进行出图，为了确保生成的背景图符合要求，可以多次刷新进行出图。最后生成的背景效果如下图所示。

3. 活动图设计合成

IP形象和背景图全部生成之后，接下来切换到设计软件中，对这些素材进行设计合成。首先挑选出具有跳跃、欢快等动作的IP形象，并对IP形象进行细节处理。例如在简历中加上OFFER字样，凸显招聘氛围；将服装的内衬调整为红色，突出形象的年轻化特征；调整整个IP形象的色彩饱和度，确保看起来更加活泼。最后就得到了一个可用的IP形象素材，如下图所示。

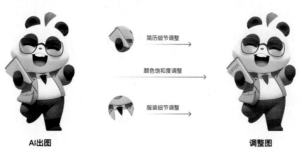

AI出图　　　　简历细节调整　　　颜色饱和度调整　　　服装细节调整　　　调整图

接下来将处理好的IP形象、活动标语和背景图进行设计排版。首先将IP形象放到背景图的中间偏下位置，增加IP形象的视觉占比，提升画面的视觉冲击力和品牌形象的知名度。这两部分融合好之后，添加上活动标语"职聘5载携手共未来"，将标语中的数字"5"放大设计成立体效果，增加标题的厚度和可识别性，突出周年氛围。接下来继续丰富画面，例如在活动标语周围添加气球、纸飞机、学士帽等代表毕业求职的装饰性元素；在背景图的左右边缘添加一层半透明模糊的云层效果，让画面的前景、中景和后景有层次区分，突出画面中间最重要的活动信息。

在活动图的颜色搭配上，选择蓝紫色渐变为主，用黄色和绿色为辅助颜色，采用较高的颜色明度和适中的颜色饱和度，让整个画面看着更协调。最后再整体调节活动图的颜色，确保每个元素的颜色搭配起来协调，冷暖对比能使画面生动活泼，营造出周年活动的氛围感，这样一张周年庆活动图就完成了，如右图所示。

4.3.5 周年庆活动图延展应用

有了周年庆活动图设计作为基础，其余的视觉延展做起来会相对容易。而且本次周年庆活动图中的元素是利用Midjourney分别生成的，这样在做视觉延展时会更加灵活，避免了后续无法分图层进行视觉延展的情况。

本次周年庆活动的视觉延展主要分为线上应用、线下应用和VI物料三个方向。三个方向的展示形式和效果各不一样，但最终的目标都是吸引更多的用户参与到活动中，感受到品牌传递的温暖。接下来就具体看一下这三个应用方向的活动图是如何设计完成的。

1. 线上应用效果

活动图在线上的延展应用主要包括App的开屏页、弹窗、轮播banner等场景，涉及用户从打开App到进入活动页的一整个操作流程的设计。通过线上多平台的运营，触及更多用户群体，以此提升周年庆活动的热度。

1）开屏页设计

开屏页（也称启动页或闪屏）是应用程序首次打开时显示的第一个界面，是展现周年庆活动的重要机会，能第一时间快速传达活动信息，为用户留下深刻的第一印象。

由于周年庆活动主图是横版尺寸，应用到竖版尺寸的开屏页时需要截取活动图的中间位置，再调整IP形象和活动标语的大小比例，确保在竖版比例中也能有较清晰的展示效果。开屏页的设计整体应保持简洁明了，在竖版活动图的基础上加入品牌名称或slogan即可，避免过多的文字或复杂的图形。由于开屏页展示时间较短，整体的设计应确保用户能在几秒内抓住核心活动信息。最后设计完成的活动开屏页应用效果如下图所示。

2）首页banner设计

首页的轮播banner区域也是展示活动的重要入口，将周年庆活动图的尺寸和比例进行调整适配到App的首页，突出周年庆的主题。同时，重新设计轮播banner图下方的四个会场icon，采用与活动图统一的颜色搭配，icon采用活泼动感的设计风格，进一步营造周年庆氛围。最后设计完成的首页banner和会场icon应用效果如下图所示。

3）活动弹窗设计

弹窗是一种增加活动曝光的有效方式，个性化的弹窗设计也能营造出节日庆典的概念。本次的活动弹窗主要是围绕IP形象进行延展设计，IP形象的装扮和动作（手持offer庆祝）紧密围绕主题，能够很好地强化周年庆的氛围。弹窗的背景采用太空传输平台的效果，既可以吸引年轻用户参与到活动中，又增强了弹窗的空间感和层次感。稳重的蓝色边框与生动的IP形象形成了鲜明的对比，使得整个设计更加醒目和吸引人。

此外，再添加一些飞碟作为装饰元素，为整个弹窗设计增添了一丝梦幻和科幻感。这些装饰性元素虽然不直接参与主题的表达，但却为弹窗增色不少，使得整个设计更加有趣和富有想象力。最后再加上红色的"了解详情"按钮设计，清晰传达按钮的功能。这种设计使得用户能够轻松地进行下一步操作，了解更多与周年庆活动相关的信息。最后设计完成的活动弹窗应用效果如下图所示。

4）宣传矩阵设计

将周年庆活动图延展出多个不同的尺寸，确保在不同尺寸和类型的设备（笔记本电脑、平板电脑、手机）上都能展示活动图，这样无论是PC端还是移动端用户，都能在各个场景中接触活动信息，从而提高了活动的覆盖率和触达率。

除了在自身的网站和App中进行宣传外，还可以借助微博、微信朋友圈等渠道进行宣传，触达更多的潜在用户，提高活动的热度。多种宣传渠道的覆盖方便用户快速了解更多活动详情并参与互动。这样的设计有助于提升用户的参与度和黏性，进而促进活动的传播和效果。同时，统一且全面的活动图设计能体现出品牌的专业性，展现品牌对未来发展的展望和承诺，增强用户对品牌的忠诚度和归属感。最后设计完成的宣传矩阵应用效果如下图所示。

2. 线下应用效果

除了线上的宣传方式，在地铁站内的广告牌等线下场景中应用活动图也是极具策略性和针对性的选择。许多人乘坐地铁通勤，同时也在地铁上思考自己的职业发展，地铁的场景与招聘和职业发展的主题紧密相连。将5周年活动图放置在地铁站内，可以与人们的日常生活和工作场景相结合，让人们在通勤的同时感受到活动的氛围和主题，从而增强对活动的认同感和参与意愿。这种策略性的选择能够有效提升活动的参与度，为品牌的发展注入新的活力。

针对线下应用，需要将活动图设计成不同的尺寸（横版、竖版），以便用在不同的场景中。最终设计完成的线下应用效果如下图所示。

3.VI物料设计

以周年庆活动图为基础，设计制作一系列与活动主题相关的VI物料，作为周年庆活动的宣传礼物，奖励给参与活动的用户，从而吸引更多用户关注。

在进行VI物料设计时，需要注意物料的视觉吸引力、品牌传达效果等因素。VI物料设计中的元素包括标志、字体、色彩和排版等。在进行VI物料设计时，需要考虑与品牌形象的契合度和设计的整体效果，例如在此设计中，熊猫IP形象作为主题元素，需要确保其在各个物料中的一致性和辨识度。无论是在邮票、拼图、抱枕，还是帆布包等不同的VI物料中，都应呈现出一致的风格和形象。通过一致的VI设计强化品牌形象，提高品牌认知度。对于VI物料的设计，细节决定成败，需要确保设计的清晰度和可读性，避免过分复杂的布局和图形。同时要考虑不同载体下的适配性，确保设计的图形在不同物料下都能获得较好的视觉效果。最终设计完成的VI物料应用效果如下图所示。

本次完整的周年庆活动设计涵盖了活动前期研究、Midjourney辅助生成活动设计图、线上线下多方延展应用设计等多个方面的设计思考和输出。通过这种大而全的运营活动设计实践，能有效提升对AI工具的灵活运用，以及对大型运营项目的全盘分析和掌控能力，对综合能力起到很好的锻炼作用。

4.4　情人节主题运营设计

4.4.1　项目背景

本案例是为巧克力品牌做一套情人节活动页。在情人节或特定日子里，收到巧克力可能意味着对方在表达爱意或询问你的意向，所以本次设计围绕"爱的告白日"主题进行创作。运用告白赢积分+积分抽盲盒的互动方式，增强用户的黏性并提升用户的参与度，下面将以这个需求进行设计延展，全程运用Midjourney辅助设计。

4.4.2　活动框架

本次活动有两个玩法：①表白，用户立即表白即可获得30积分；②抽盲盒，表白获得的积分用来抽取盲盒，抽取一次盲盒消耗10个积分，积分消耗完之后可以通过每日签到、分享活动和浏览品牌官网等途径来获取更多的积分。通过这一系列的玩法可以提升情人节期间的用户活跃度和活动参与度，起到提升留存、引导裂变的效果。

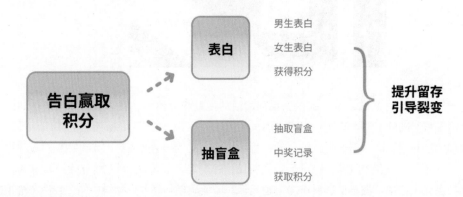

活动流程和玩法确定后，接下来就需要让活动在满足需求的前提下，在页面中更出彩地呈现出来。

首先将活动的首页划分为不同的操作区域，例如主视觉区、互动区和抽奖区，以满足多样的活动玩法；接下来根据页面的区域划分和层级结构，把页面的交互框架搭建出来。有了清晰、标准的交互框架作为基础，后面再设计页面的视觉效果时能够更加有条不紊。

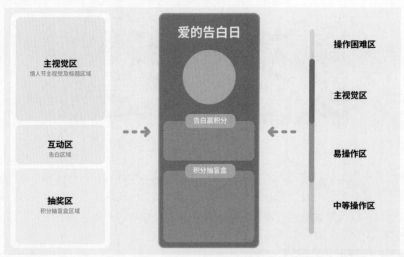

4.4.3　设计流程

有了活动页的交互框架作为基础，接下来就可以具体思考页面中的主视觉区、互动区和抽奖区分别需要呈现出怎样的效果或场景，再结合AI进行辅助出图。各区的设计流程如下：

（1）页面创意方向分析；

（2）确定页面元素，找相应的设计参考图；

（3）AI辅助出图；

（4）设计素材合成优化；

（5）活动专题页完整设计。

4.4.4　活动页主视觉区设计

明确了设计流程之后，接下来需要按照不同的区域分别进行设计。专题活动页中的主视觉区域是最能突出活动主题和视觉效果的地方，也是最能发挥AI作用的区域，所以先以专题活动页中的主视觉区域为例，探究如何利用AI来辅助完成主视觉的设计。

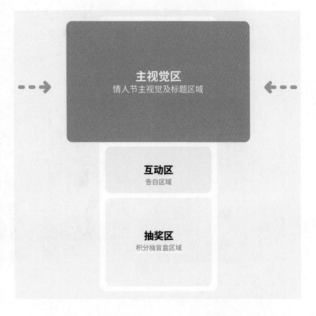

1. 分析创意方向

首先设计师根据品牌和主题来进行头脑风暴并设定创意，最终提取出文本描述。本次设计的主题为巧克力品牌情人节活动页，情人节要营造出惊喜、浪漫、温馨和梦幻的感觉，巧克力为本次设计中必有的元素，此外还可以考虑其他情人节元素，如爱心、告白、情侣、玫瑰花、礼物盒等；颜色上选取了粉色和天蓝色，这两个颜色搭配在一起，可以营造出柔和而浪漫的氛围。

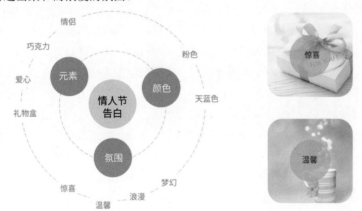

经过创意分析和头脑风暴后，主视觉的页面设定为情侣告白的活动场景，其中使用一对情侣形象作为主体，以"爱心+巧克力"作为情侣的背景，这样既能呼应"爱的告白日"主题，又能和巧克力结合起来。

通过进一步整理主视觉的设计思路，总结出主视觉中需要的设计素材分为三大类：

（1）一对告白情侣的卡通形象，作为活动中的主体；

（2）爱心+巧克力，作为中层背景使用，突出节日氛围及植入巧克力品牌；

（3）最后以浅蓝色的天空和粉色的云作为大背景，营造出柔和而浪漫的氛围。

在确定画面需要的设计素材后，还需要参考优秀案例来确定主视觉的基调和风格。这些优秀案例不仅能帮助我们确定整体的方向，还能为我们提供创意灵感，以下是通过花瓣网、小红书等平台找到的可参考的优秀案例。

2. 情侣形象生成

考虑到主视觉中涉及的设计素材比较多，我们可以先用Midjourney生成单个素材，然后再进行优化和合成。这种方法具有极高的可控性，能更好地满足设计需求。我们先生成情侣形象。

1）情侣形象文本描述梳理

运用AI生图之前可以先找参考图，然后再用"图生文"的方法得到四组文本描述，最后把四组文本描述放到翻译软件里翻译，根据想要的效果按照"主体描述+风格设定+图像参数"的描述词结构整理出来，主体部分就是情侣，再依次补充主体的属性和材质、想要的出图风格以及图像的质量等，整理得到的文本描述如下。

主体描述		风格设定		图像参数	
主体	一对情侣	风格描述	3D、卡通风格	图像精度	高清
装饰	LOVE雕塑	背景描述	深色背景	图像质量	最佳品质
材质	光滑	参考风格	波普艺术	模型	v 5.2

将这些文本描述提炼整理后，能得到一组中文描述，借助翻译软件或prompt工具将中文描述转换为可用的英文文本描述。

根据提炼出来的文本描述，添加一些细节和动作，最后得到的文本描述如下：

A pair of beautiful bride and handsome groom, the bride is sitting on a statue in the shape of "LOVE" and the groom is standing next to the statue, in digital and glitch style, c4d style, pop art, cartoon, romantic highly realistic, HD, 8K --v 5.2

2）AI生成情侣形象

如果我们想生成跟参考图风格相似的形象，使用垫图+文生图的出图方法是比较合适的，通过垫图来控制形象的风格。Midjourney对图片的识别权重会高于对文本描述的识别。值得注意的是，如果参考垫图有文字和不必要的装饰，还需要对垫图进行处理，使用最简单的遮挡去除就可以，把垫图中不必要的文字、装饰去除掉，避免影响出图的效果。

情侣垫图

情侣垫图

情侣垫图

垫图处理好之后，单击加号按钮将参考图上传到Midjourney中，右击上传好的参考图获取地址留作垫图使用。另外，也可以多垫几张图，但注意风格要保持一致。

加上垫图链接后的情侣形象文本描述为：

ttps://s.mj.run/TNzQk2bpGRA A pair of Beautiful bride and handsome groom, the bride is sitting on a statue in the shape of "LOVE" and the groom is standing next to the statue, in digital and glitch style, c4d style, pop art, cartoon, romantic highly realistic, HD, 8K --v 5.2

在Midjourney中输入/imagine指令，将垫图链接和文本描述一起复制到输入框中，进行出图操作。多刷新几次后，生成的情侣形象如下图所示。

虽然出图的过程中使用了垫图，但生成的素材图中仍会出现瑕疵或者结构不对的情况。所以，在找到合适素材后，还需要对主体的细节进行最后的调整，例如手部、头部等，最后再去除背景，就得到了一个可用的情侣素材。

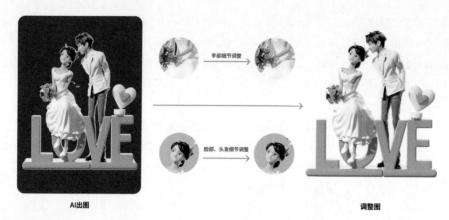

AI出图　　　　　　　　　　　　　　　　　　　　调整图

3. 主视觉背景生成

情侣形象生成之后，我们按照同样的方法继续生成主视觉的背景图。

1）主视觉背景文本描述梳理

背景图的设计风格应该与情侣形象的风格保持一致，这样后期合成的效果才会更好。按照"主体描述+风格设定+图像参数"的描述词结构，对背景图进行文本分析。

主题描述：中间有一个圆形舞台的背景图像，周围是可爱的心形树木。颜色上选用粉色调。

风格设定：与情侣形象保持一致，采用3D渲染、c4d建模、可爱的卡通风格。

图像参数：采用高清的图像精度，最佳的图像质量，4K。

将文本描述提炼整理后，得到的主视觉背景图的文本描述如下：

3D rendering, cute cartoon style background image, simple style, there is a circular stage in the middle of the picture, an unobstructed platform, surrounded by cute cartoon heart-shaped trees, pink tone, c4d modeling, OC renderer, high definition quality, 4K

2）AI生成主视觉背景

在Midjourney中输入/imagine指令，将完整的文本描述复制到输入框中，进行出图操作。背景图相对复杂，可以一次多刷新几组图片出来，直到生成合适的为止，生成的背景图素材如下图所示。

从众多素材中选出最合适的背景图，然后单击对应的U按钮，对选中的素材进行放大处理。在这个基础上，需要对筛选出来的背景图进行二次调整，例如去除不必要的云、爱心等，尽可能保持背景图的简洁。调整背景中的大爱心，并进行巧克力品牌的植入。经过这些细节调整，就能得到一个可使用的主视觉背景图素材。

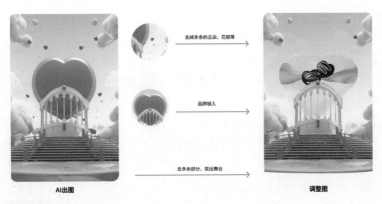

AI出图　　　　　　　　　　　　　　　　　　　　调整图

4. 主视觉创意合成

情侣形象、背景图生成并调整好之后，接下来切换到设计软件中，对这些素材进行设计合成。

因为在生成背景图时已经通过ar对图片的比例进行了设定，所以在这里就不用调整图片的尺寸了。但是要调整背景图的饱和度，同时弱化模糊背景图中的云，让背景和中层的大爱心拉开层次感。然后将情侣形象融入画面中，并调整好在画面中的比例。

画面中的元素融合好之后，添加上主题文字"爱的告白日"，选用偏圆的字体，并为标题加上阴影，做成立体的效果，增加标题的厚度和可识别性。最后再整体调节画面的颜色，确保整体颜色统一，这样一张主视觉设计效果图就完成了。

AI出图　　　　　　　　　　　　　　　　　　　　调整图

4.4.5　活动页互动区设计

主视觉区完成后，接下来继续进行互动区的设计。互动区主要是用户表白活动，通过表白喜欢的女生/男生获得积分，起到引导裂变的作用。

互动区需要对用户有足够的吸引力，让用户能够有所收获，只有这样用户才愿意将活动分享给更多的好友。因此可以从两方面着手考虑互动区的设计：一方面是突出福利和权益的展示，让用户能一眼看到；另一方面是搭配上有质感的设计，让整个互动区更有吸引力。

1. 互动区设计

互动区的设计运用了"PS作图+AI生图"的方式。由于传统的告白多采用写信的方式，所以互动

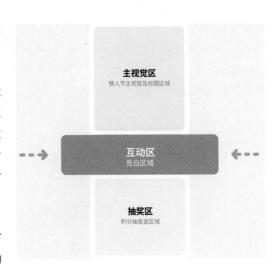

区整体的设计借鉴了信封的造型，具有特殊的含义。在活动区中除了男生和女生的头像是用AI生成的，其他的设计由Photoshop或Illustrator等设计软件制作。

情侣头像的设计风格应该与整个活动页保持一致，情侣头像的生成方法和上文说到的情侣生成的方法一样，可以运用同样的方法生成。将文本描述提炼整理后，得到的情侣头像的文本描述如下：

https://s.mj.run/TNzQk2bpGRA a couple, Lovely, smooth,There is a distance between the two of them, Luster, 3D, clay, Cartoon, Nintendo, The best quality, HD, 8K

2. 互动区创意合成

将PS设计的图和AI生成的情侣头像合成效果如下。

PS制图   AI出图   合成图

4.4.6 活动页抽奖区设计

通过结合Midjourney的辅助出图，陆续完成了活动页主视觉区、互动区的素材生成和设计，目前还差抽奖区的设计。

1. 盲盒生成

抽奖区由6个盲盒组成。盲盒采用3D的设计风格，与整个活动页保持统一。考虑到情人节这一主题以及巧克力元素，所以礼物盒上加入了爱心形状，代表巧克力，并且颜色选取了象征着浪漫的粉色。这样既能让盲盒的样式更吸引用户点击，又能起到突出活动主题的作用。

1）盲盒文本描述梳理

为了能让生成的盲盒与活动页整体的风格保持一致，盲盒区素材的部分文本描述可以复用主视觉区素材的文本描述，总结出的文本描述为：

A gift box with a heart, 3d icon, cartoon, pink, clay material, smooth and shiny, Nintendo, 3D rendering, spot light, white background, Best Detail, HD, high resolution

2）AI生成盲盒

继续使用垫图+文生图的出图方法，从设计网站中寻找符合要求的装饰元素作为垫图参考，这样能以最快的速度得到想要的素材。

盲盒垫图

盲盒垫图

　　将垫图链接和文本描述复制到输入框中，进行出图操作。简单刷新几次就能生成不错的素材，如下图所示。

　　盲盒的形状相对比较简单，生成的素材不会有太明显的瑕疵，因此筛选起来不会太耗费时间和精力，只需要从中选择一个角度、透视都没问题并符合预想效果的即可。最后对筛选好的素材进行去背景处理和颜色调整，就能得到一个可使用的装饰元素。

2. AI抽奖区创意合成

　　将处理好的盲盒复制成六个，并排成两排，最后再加上抽奖区的活动标题"积分抽盲盒"和"中奖记录""获取积分"按钮，抽奖区的设计就完成了。

4.4.7　活动页创意合成

　　活动专题页的三部分全部设计好之后，接下来按顺序将这三部分组合到一起，再加上蓝色背景及云朵。由于活动页的每个区域是单独设计的，在最后合成到一整张图的时候，还需要整体调整一下页面的颜色，确保每部分的颜色保持统一。这样情人节活动页就设计完成了，最终效果如下图所示。

AI虽然作为一种工具能够大大提升设计师的工作效率，但最终的效果还是要靠设计师把控。

4.5 环保日主题运营设计

4.5.1 项目背景

本节给大家带来的案例是一套环保主题的运营活动设计——"焕新接力官IP化设计与运营探索"。以3C焕新为活动背景，通过"周末疯狂寄"活动建立"焕新"心智及与用户互动，培养减碳意识，宣传3C产品可回收知识。本节将为大家介绍设计师如何运用Midjourney工具，打造出超具性价比的视觉效果，并在营销视觉活动中提高设计效率。

4.5.2 活动框架

先进行回收全链路设计。本次运营活动以"绿色寄递服务"开启回收体验，以"派发优惠券"的方式吸引用户体验绿色寄递回收服务。回收后，可点亮相关品类回收奖章，通过年轻趣味性的奖励机制、任务与互动让用户在线上获得相应的利益兑换与荣誉等级，吸引用户传递环保回收意识，打造环保持续行为，形成正向循环。

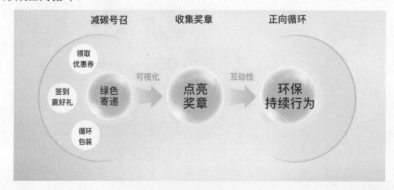

在活动内容和玩法规划完成后，下面需要明确有哪些视觉需要设计，并明确视觉风格、整体色调等。首先通过"绿色寄递服务"开启整个运营活动，需要通过banner、弹窗、开屏页、落地页等吸引用户参与，并渗透绿色减碳主题。通过增强品牌情感体验，展示主题IP，达到强化品牌视觉的目的，纵向可升级进化，横向可串联承载其他活动。

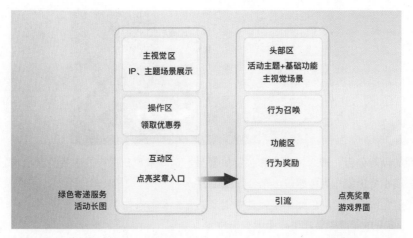

目前通过Midjourney工具，能够比较轻松获得一张美图，但往往真实项目中，会存在更多特定要求，有各种束缚，设计师需要在限定内发挥，让设计方案与需求契合，其实并不如想的那么容易。在各种限制内找到最优解，需要我们在设计开始之前进行分析与思考，将项目需求转换为设计方案。AI的辅助能为我们提供更多思考的时间与尝试的机会，让设计流程更加顺利。

4.5.3　设计流程

页面各区域的设计流程如下：

（1）根据项目背景进行前期需求调研与分析；

（2）根据创意方向，设计情绪板；

（3）创意构思，适当找对标参考图；

（4）开始AI辅助出图设计（IP、场景图、元素等）；

（5）对AI生成的素材进行优化及合成，并对整体场景关系细节进行处理；

（6）活动落地页、banner、弹窗等完整设计及产出。

4.5.4　活动页主视觉区设计

明确了设计流程之后，接下来需要按照不同的区域分别进行设计。如右图所示，活动长图中的主视觉区是最能突出活动主题和视觉效果的地方，也是最能发挥AI作用的区域，所以先以这里为例，探究如何利用AI来辅助完成设计。

1. 分析创意方向

视觉设计围绕文本描述"环保、回收、焕新"进行头脑风暴，结合AI助力可以让思路更加天马行空。结合本次主题"周末疯狂寄"可以适当营造出轻松假日氛围，例如代表低碳绿色的青山绿水、海岛，呼应主题的快递箱子、快递小哥等。为了烘托主题氛围考虑使用轻快明亮的主视觉颜色，比如黄、绿、蓝渐

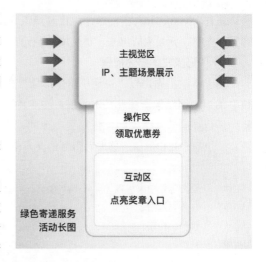

变，叠加适当的光效运用，打造梦幻小岛氛围。以上描述都是为了更好地用视觉语言传达此次活动主题，渗透用户心智。

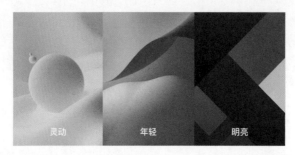

经过前期的创意分析、情绪板设定和头脑风暴后，"周末疯狂寄"的主视觉画面设定为假日海岛场景，使用快递小哥形象作为主题IP，充分呼应主题。

结合上述视觉画面设定，总结出主视觉中需要的元素和场景如下：

（1）快递小哥IP卡通形象，在画面中突出位置；

（2）轻松梦幻的海岛氛围作为主题场景；

（3）快递盒子，环保低碳元素作为氛围烘托，起到装饰画面的作用。

在确定画面需要的设计元素后，我们还需要结合优秀参考案例进一步确定主视觉的基调和风格，以下是本次设计的案例参考，也为后续AI出图奠定相应的风格。

2. 快递小哥IP形象生成

在使用Midjourney出图时，建议选择组合出图，这样方便后期合成与优化。先在Midjourney中将背景、人物、元素生成出来，再生成其他元素。

1）IP形象文本描述梳理

基于本次主题，以"快递小哥IP形象"作为案例进行演示，运用"主体描述+风格设定+图像参数"的描述词结构。注意文本长度，更少的词会有更大权重，过多复杂描述中越靠后的词会逐渐稀释，所以要舍弃冗杂文案，使用更专业的词汇。添加一个参数前后记得输入空格，避免使用违禁词汇。"快递小哥IP形象"整理后得到的文本描述如下。

主体描述		风格设定		图像参数	
主体	一个年轻中国男孩、拿着一个盒子	风格描述	3D、黏土	图像精度	高清
颜色	红色衣服帽子	环境背景	白色背景	图像质量	最佳品质、4K
特点	亚洲、快乐	参考风格	盲盒玩具	模型	Niji6
材质	光滑				

将这些文本描述提炼整理后，能得到一组中文描述，借助翻译软件或prompt工具，将中文描述转换为可用的英文描述。

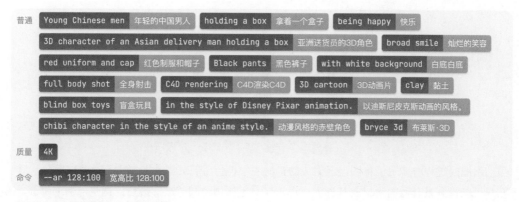

快递小哥IP形象的文本描述如下：

Young Chinese men, holding a box, being happy, broad smile,with white background, full body shot, C4D rendering, 3D cartoon, clay, blind box toys, in the style of Disney Pixar animation., chibi character in the style of an anime style., bryce 3d, 4K

2）AI生成IP形象

为了更好地将人物"本地化"，符合国内的审美风格，此次生成的快递小哥形象是亚洲人。在与AI的磨合过程中，我们可以把每一次觉得可用的图存下来，不仅作为下一次垫图的资源，AI也会记录这些偏好，逐渐调整人物的面部轮廓、年龄动态、视觉风格。在这个过程中AI会固定一个较为稳定的文本描述结构以生成形象，并以此为基础，继续衍生拓展，缩短每次成功出图的时间，生成更多符合我们要求的图片。

根据参考图可适当对服饰进行描述，将垫图背景处理干净，单击上传好的参考图，获取参考图的地址留作垫图使用。另外，可以多垫几张图，但注意风格要保持一致。

加上垫图链接后的快递小哥IP形象文本描述为：

https://s.mj.run/8k5f00RcJ6M Young Chinese men, holding a box, being happy, 3D character of an Asian delivery man, broad smile, red uniform and cap, Black pants, with white background, full body shot, C4D rendering, 3D cartoon, clay, blind box toys, in the style of Disney Pixar animation, bryce 3d, 4K --ar4:3 --iw 2 --niji 6

最后的--iw参数根据实际效果进行灵活调整，权重越大，与垫图相似的比重也会大。

在Midjourney中输入/imagine指令，将垫图链接和文本描述一起复制到输入框中，进行出图操作。多刷新几次后，生成的IP形象效果如下图所示。

虽然出图的过程中使用了垫图,但生成的素材图中仍会出现瑕疵或者结构不对的情况。

在尽可能找到最合适的素材的基础上,还需要对主体物的细节进行最后的调整,例如手部、装饰等,最后再去除背景,就得到了一个可用的快递小哥IP素材。

3. 场景图生成

本次主视觉区快递小哥IP形象生成之后,按照同样的方法继续生成主视觉图中的场景图。

1)场景图文本描述梳理

主体描述是有很多快递盒子的小岛,表现出梦幻假日氛围,颜色上选取黄色、绿色为主,突出低碳主题,搭配浅蓝色为辅。风格材质设定与上文中IP形象保持一致,采用3D、黏土的卡通风格,图像参数采用高清的图像精度,最佳的图像质量,8K。将文本描述提炼整理后,得到的中英文对照描述如下图所示。

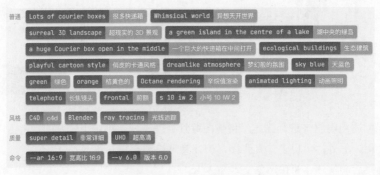

背景图的文本描述如下:

Young Chinese men, Cheerful, 3D character of an Asian delivery man holding a box, red uniform and cap, Black pants, smiling face, with white background, full body shot, blind box toys, clay, simple style, C4D rendering, 3D cartoon, in the style of Disney Pixar animation.

2)AI生成场景图

这里继续使用垫图+文生图的出图方法,从设计素材网站中寻找符合要求的背景图作为垫图参考。如果有多张参考图,最好这些图都能保持一致的颜色和风格,这样Midjourney才能更好地识别出图。

场景图–参考垫图

将参考图上传到Midjourney后，将获得的垫图链接复制到文本描述的最前面，最后得到背景图完整文本描述为：

https://s.mj.run/zJONzZTQezA Lots of courier boxes，Whimsical world, surreal 3D landscape, a green island in the centre of a lake, a huge Courier box open in the middle, ecological buildings, playful cartoon style, dreamlike atmosphere, sky blue, green, orange, Octane rendering, animated lighting, telephoto, frontal, s 10 iw 2, C4D, Blender, ray tracing, super detail, UHD --ar 16:9 --v 6.0

在Midjourney中输入/imagine指令，将完整的文本描述复制到输入框中，进行出图操作。背景图相对复杂，可以一次多刷新几组图片，生成的背景图素材如下图所示。

从生成的素材中能看到，每张图的视觉效果都很好，但却各不相同。因此在筛选背景图素材时，非常考验设计师的审美能力与筛选能力。从众多素材中选出最合适的背景图素材，单击对应的U按钮，对选中的素材进行放大处理。对其中比较满意，但有瑕疵的素材可进行二次处理，单击Vary（region）框选需要调整的区域，并添加文本描述即可。

在这个基础上，需要对筛选出来的背景图进行二次调整，例如去除不必要的元素、天空装饰，调整画面颜色，烘托明亮氛围，清除无关水印。经过这些细节调整，就能得到一个可使用的场景素材。

4. 装饰元素生成

目前我们已经将主视觉区的IP形象和场景图生成完成，如果直接拼合会较为生硬，所以需要一些符合视觉主题的装饰性元素。为符合"周末疯狂寄"这一绿色寄递服务，在装饰元素上强调绿色快递这一概念，生成一个呼应低碳主题的快递盒。

1）装饰元素文本描述梳理

快递盒装饰元素的文本描述如下：

A courier box, The delivery box has white wings on both sides, There is digestive grass around the delivery box, Fly up, A sofa 3D icon, cartoon, clay, cute, glossy, smooth, glossy, blue, yellow, gradient, white background, highest detail, style expression, isometric view, HD

如果画面中还需要其他装饰元素，都可以使用这套文本描述，只需要更改主体部分的描述即可。

2）AI生成装饰元素

继续使用垫图+文生图的出图方法，从设计网站中寻找符合要求的装饰元素作为垫图参考。将垫图链接和文本描述复制到输入框中，进行出图操作。简单刷新几次就能生成不错的素材，如下图所示。

从生成的素材中选择一个角度、透视都没问题的，对其进行去背景处理，就能得到一个可使用的装饰元素。

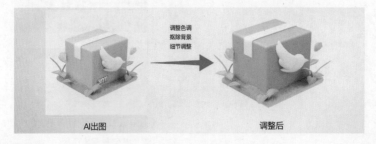

5. 主视觉创意合成

在IP形象、背景图和装饰元素全部生成之后，接下来切换到设计软件中，对这些素材进行设计合成。首先对背景图的比例进行裁切处理，突出视觉中心。画面左侧留有空间可以添加主题文案，加以黄色渐变过渡提升画面层次感。同时可以弱化场景多余的装饰，突出视觉中心。最后加入我们之前调整过的IP形象，让IP人物立在画面中，并在脚下添加阴影。

在左侧文案区域，添加主标题和副标题并稍作效果，并在画面中适当添加光效，增加氛围元素，强化视觉效果，让画面更有层次感。左侧为信息区，右侧为视觉区，让用户在了解活动信息同时也不会审美疲劳。

最后再整体调节画面的颜色，确保整体颜色统一，这样一张主视觉设计效果图就完成了。

4.5.5　活动页操作区设计

主视觉区设计好之后，接下来进入操作区，如右图所示。用户在这里完成领取、签到等互动，所以在设计时要保持简洁清晰，吸引用户参与。

1. 操作区设计分析

在正式设计前，可以先在网络上进行调研分析。通过参考案例能发现，选用轻量化的颜色和白色背景可以让信息传达更明确，突出核心内容。结合当下设计趋势，将卡片设计成圆角，可以让内容更聚焦，对用户更友好。在整体布局上，模块化设计能够聚焦内容，增强阅读性。元素可以使用拟物质感的插画风格，传达真实质感，增加视觉亮点，平衡美观与内容。

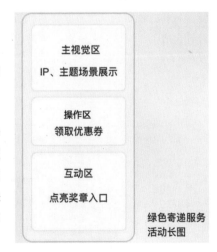

2. 操作区素材生成

在本次操作区的两个活动入口添加图标展示。在"周末寄件折上折"领取优惠入口使用主视觉区生成的快递盒子图标，另一个活动入口为"绿色寄递攻略"，在此处考虑使用"文件夹"作为示意，引导用户体验。

为了能让生成的元素与主视觉保持风格统一，文件夹的文本描述可以沿用前面的快递盒子文本描述，只需要将最前面的主体描述改为"文件夹"即可，修改后得到的文本描述如下：

A simple icon of an open yellow Folder file on a white background, white background, ui ux, app, clean fresh design style, material, 3d render

在出图前，最好能找一些参考图作为垫图，这样能更快得到想要的素材效果图。将垫图链接和文本描述一起复制到输入框中，进行出图操作，生成的素材如下图所示。

素材生成好之后，从中筛选出风格相对统一、没有瑕疵的素材，进行放大处理。将筛选好的素材去除背景，方便后面运用到页面中进行设计排版。

3. 操作区创意合成

将生成好的图标素材筛选好后，分别配上"周末寄件折上折"和"绿色寄递攻略"的文案说明，将文案和图标组合在一起进行排版。在排版上我们选择卡片式设计，在元素图标后叠加渐变，让主视觉区域和白色背景卡片过渡自然。搭配上同色系触发点击的按钮和文字内容，这样活动页的操作区就设计完成了。

4.5.6　活动页互动区设计

操作区完成后，接下来进入到互动区的设计。互动区是点亮奖章界面，通过奖章的收集，使用户获得持续性成就感，增强产品黏性。直观展示回收的品类及获取方式，也能强化用户低碳认知，形成良性循环。

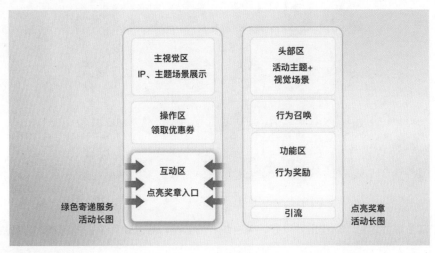

1. 互动区设计分析

领取完成"绿色寄递福利"并使用"绿色寄递服务"后，为了让任务形成闭环，设置了点亮奖章的小游戏互动机制，增强情感互动，传递减碳理念。如上图所示，从互动区可以进入点亮奖章活动界面。点亮奖章界面主要分为四大区域：顶部为点亮奖章活动的头部区，包括活动主题+视觉场景；中间部分为行为召唤，展示用户名称及现有奖章数量；接下来为奖章展示的功能区，被点亮的奖章有颜色，没有被点亮的奖章呈暗灰色，通过色彩对比，让用户直观感知奖章收集的过程，吸引用户继续收集；底部为引流区，用户可以将该页面分享，向好友展示自己获得的奖章。

2. 互动区素材生成

在顶部视觉区域构建一个绿色工厂，整体场景外观使用快递箱的正方形，融入视觉元素。构图不宜过于丰富。为了能让生成的素材与活动页整体的风格保持一致，互动区素材的文本描述可以复用操作区图标素材的风格文本描述，文本描述模板为：

A factory, isometric colorful game icon of an energy factory, using simple shapes with a cute, yellow and green color scheme on a white background, 3d rendered in the style of blender with a low poly, soft lighting and soft shadow style, isomorphic game art style with low detail, in the style of Pixar characters

整理互动区需要生成的素材的主体描述，总结得到的中英文描述如下。

主体描述		风格设定		图像参数	
主体	一个工厂图标	风格描述	3D、Blender	图像精度	高清
颜色	黄绿色渐变	环境背景	白色背景	图像质量	最佳品质、8K
特点	简单可爱的形状	参考风格	皮克斯角色风格	模型	Niji6
材质	光滑				

整理得到的文本描述为：

A factory, isometric colorful game icon of an energy factory, using simple shapes with a cute, yellow and green color scheme on a white background, 3d rendered in the style of blender with a low poly, soft lighting and soft shadow style, isomorphic game art style with low detail, in the style of Pixar characters

将这些描述依次复制到Midjourney中进行多次刷新跑图，最后生成的素材如下图所示。

多次抽卡，此过程可能比较枯燥，需多次刷图、调整，直到满意的图出现

素材全部生成好之后，筛选出效果好、风格统一的素材，导入软件中去除背景，方便后面进行设计排版。

上图生成的工厂作为顶部视觉内容，下面来继续探究奖章部分如何生成。奖章整体由奖章底座+主体元素构成，细化设计构成分别为背景底板（奖章底座）+主体元素+装饰氛围元素+环境光。下面我们使用Midjourney依次生成。首先生成奖章的底座部分，使用文生图的方法，风格模板可以继续按照前面生成的素材使用。文本描述模板为：

Hexagonal shape, in the style of webcore, cinematic sets, clear edge definition, 3D icon, clay, Cartoon, Lovely, smooth, Luster, front view, White background, The highest detail, The best quality, Camera, OC rendering, Isometric view, blender, HD, best quality --niji 6

接下来再生成奖章的主体元素部分，保留风格模板，只需要对主体描述进行改变。这里以生成"笔记本"为例，文本描述模板为：

computer, 3D icon, clay, Cartoon, Nintendo, Lovely, smooth, Luster, front view, Transparent background, The highest detail, The best quality, Isometric view, HD --niji 6

由于我们要生成多个奖章，奖章的底座部分不需要变化，只需要在上述模板基础上，改变主体文本描述即可，这极大提高了设计效率。

替换主体描述后得到的完整文本描述依次如下。

手机图标：

iphone, 3D icon, clay, Cartoon, Nintendo, Lovely, smooth, Luster, front view, Transparent background, The highest detail, The best quality, Isometric view, HD --niji 6

游戏机图标：

Game console, 3D icon, clay, Cartoon, Nintendo, Lovely, smooth, Luster, front view, Transparent background, The highest detail, The best quality, Isometric view, HD --niji 6

耳机图标：

Headset, 3D icon, clay, Cartoon, Nintendo, Lovely, smooth, Luster, front view, Transparent background, The highest detail, The best quality, Isometric view, HD --niji 6

相机图标：

Camera,3 D icon, clay, Cartoon, Nintendo, Lovely, smooth, Luster, front view, Transparent background, The highest detail, The best quality, Isometric view, HD --niji 6

将这些描述依次复制到Midjourney中，进行多次刷新跑图，选择最合适的导入设计软件去除背景和调整细节即可。

3. 互动区创意合成

将奖章所需素材处理好后，接下来就可以进行奖章排版合成。在设计软件中处理时，需要叠加阴影和光效，让质感更加真实有立体感。我们以"笔记本环保奖章"为例，将处理好的主体元素叠加阴影，放在底座上方，再叠加起到氛围烘托作用的装饰元素和环境光效即可。合成"笔记本环保奖章"的步骤如下图所示。

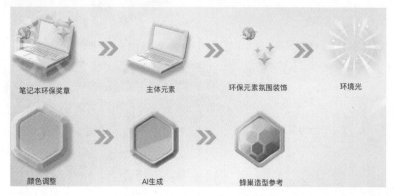

利用同样的合成方法，再将其他品类的奖章进行合成。互动区的奖章素材就设计好了，如下图所示。

4.5.7 活动页合成及视觉延展

1. 活动页设计合成

按照之前梳理的互动区框架结构进行素材组合。头部区以工厂为视觉场景，叠加浮云的氛围效果和主题文字。

行为召唤部分可以直接在设计软件中完成，只需要稍加颜色渐变和文字辅助即可，让用户了解到当前收集的奖章数量。

功能区呈现奖章墙，设置展示形式为被点亮的奖章有颜色，没有被点亮的奖章呈暗灰色。

最后在底部设计引流部分，可以让用户分享给好友，为产品增加灵活度与新鲜感，拉通运营活动需求。

本次视觉使用的主要颜色是黄绿渐变，所以最后合成到一整张图的时候，还需要整体调整一下页面的颜色，确保每部分的颜色保持统一。活动页互动区的内容就设计完成了，如下图所示。

2. 活动页视觉延展

相应的活动页视觉图设计好后，可根据活动运营需要，延展横版活动banner视觉或竖版开屏页等其他常规尺寸内容，也可以使用视觉中的元素延展出活动弹窗等内容。

有了活动专题页的设计作为基础，其余的视觉延展做起来会相对容易。而且，本次活动专题页的设计图是按照不同区域利用Midjourney分别生成和设计的，这样在做视觉延展的时候会更加灵活，避免了直接用Midjourney生成一张图后续无法分图层进行视觉延展的情况。

经过上述对设计思路、流程和AI出图设计实操的详细讲解，整个环保日主题活动的设计图就全部完成了。

4.6   消消乐主题运营设计

4.6.1   项目背景

本节给大家带来的案例为大众休闲游戏"消消乐游戏设计"，采用"美食"作为游戏主题元素进行创作，全程用Midjourney辅助设计。

4.6.2   活动框架

参考市场上"消消乐"游戏模式及界面设计方式，将整个游戏分为4部分：游戏封面、地图页面、关卡页面、结算页面。核心玩法和传统消消乐游戏相同，例如关卡中可以利用游戏道具加快消除等。在画面风格的选择上，考虑到"消消乐"作为一款受众广泛的休闲游戏，游戏的画风自然要贴合各个年龄段，因此选择卡通风格，希望带给玩家休闲轻松的感觉。游戏流程和画面风格确定后，需要考虑如何在满足游戏性的同时，让游戏画面更为出彩。

首先要将游戏的4个界面划分不同的操作区域，例如关卡页面可细分为通关任务区、游戏操作区、功能道具区。接下来根据对页面的区域划分把页面的交互框架搭建出来。有了清晰的交互框架作为基础，后面再设计页面的视觉效果时能够更加有条不紊。

4.6.3   设计流程

有了各界面的交互框架作为基础，接下来就可以具体思考各个页面中的功能区域分别需要呈现出怎样的效果或场景，再结合AI进行辅助出图。整个设计的流程如下：

（1）页面创意方向分析；

（2）确定画面元素，找相应的设计参考图；

（3）AI辅助出图；

（4）设计素材合成优化；

（5）游戏页面完整设计。

4.6.4 游戏封面视觉设计

1. 分析创意方向

首先设计师要根据主题设定创意，围绕"轻松休闲"和"美食消消乐"这两个文本描述，头脑风暴出更多相关的创意方向。

为了能营造"轻松休闲"的感受并吸引更多的玩家，需要考虑多个设计元素，例如鲜艳明亮的色彩；还可以考虑从乡村小镇、田园风光等带有"休闲感"的主题进行元素发散，如带有炊烟的小屋、小溪、花草等，这些元素都能很好地体现休闲的感觉。为体现"美食"主题，可从食材、场景、厨具等多个方面进行发散联想，同时注意与"轻松休闲"的融合，旨在突出消消乐游戏简单休闲的氛围。

开始设计前，可以在设计网站中调研分析消消乐游戏封面的设计构成和设计风格。通过参考案例能发现，消消乐游戏封面的构成相对简单，主要由IP形象、装饰元素、背景、标题构成。

| 萌猫消消乐-游戏封面 | 开心消消乐-游戏封面 | 宾果消消乐-游戏封面 |

通过进一步整理，总结出封面中需要的设计素材分为三大类：

（1）玩家的IP卡通形象，作为游戏IP形象；

（2）与"美食"主题相关的装饰元素，丰富画面；

（3）背景生成，注意"轻松休闲"和"美食消消乐"两个文本描述的体现。

2. IP形象生成

考虑到消消乐游戏的休闲性质，主人公形象可以设计成一位卡通风格的小厨师，和各类蔬菜精灵一起闯关；在色彩的选择上采用棕色、黄色等暖色调营造轻松温和的氛围。

1）IP形象文本描述梳理

IP形象文本描述梳理如下。

主体描述		风格设定		图像参数	
主体	一个可爱的小男孩	风格描述	3D、盲盒玩具	图像精度	高清
颜色	黄色短袖，蓝色牛仔裤	环境背景	干净的背景	图像质量	最佳品质、4K
特点	厨师、可爱、卡通	参考风格	POP MART 超萌IP	模型	Niji6
材质	光泽、细腻				

围绕文本描述，借助翻译软件进一步中译英，并酌情添加其他文本描述。

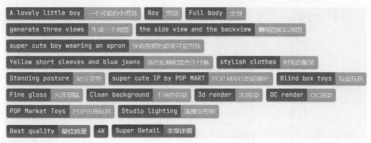

IP形象文本描述如下：

A lovely little boy, Boy, Full body, generates three views, the side view and the backview, super cute boy wearing an apron, Yellow short sleeves and blue jeans, stylish clothes, Standing posture, super cute IP by POP MART, Blind box toys, Fine gloss, Clean background, 3d render, OC render, POP Market Toys, Studio lighting, Best quality, 4K, Super Detail --niji 6

多次进行生成尝试，挑选出较为满意的IP形象，再对细节进一步处理。

2）AI生成IP形象

通过文本描述初步生成的男孩表情较为悲伤，建议改成大笑表情符合消消乐休闲游戏的调性，具体操作可单击Vary（Region）进入局部变换界面，在描述中增加对大笑表情的描述词Laugh，Keep your eyes straight ahead。男孩动作比较死板，可改变动作为男孩手里拿着平底锅做炒菜状，使动作变得更为活泼可爱的同时呼应"美食"描述词，动作变换的添加描述为Put your hands up, Holding a flying pan in your hand。通过局部变换和文本描述添加，逐步改变人物表情、动作、手持物品，得到IP形象的最终效果图如下所示。

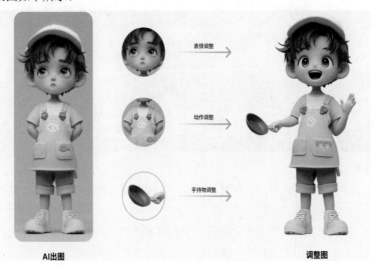

AI出图　　　　　　　　　　　　　　　　调整图

3. 背景生成

IP形象已确定，封面背景需要与IP形象的卡通风格相契合，但背景中元素较为复杂，因此使用垫图＋文生图的出图方法，更好把握整体的视觉风格。

从素材网站中寻找符合要求的3D卡通风格的图片，考虑从乡村小镇、田园风光等带有"休闲感"的主题进行元素发散，挑选带有小屋、花草等元素的图片。如果有多张参考垫图，最好这些图都能保持一致的颜色和风格，这样Midjourney才能更好地识别出图。

将参考图上传到Midjourney后，将获得的垫图链接复制到文本描述的最前面，添加文本描述为：

Using a reference imake as an example, renderand interesting animation scene, There is a small stream in the outdoor grassland, a circular platform on the lake surface,some small flowers with zero micro landscape on the grassland, butterflies, and a cartoon three-dimensional model hillinthe distance, Blue sky and white clouds, c4D modeling, 0c renderer, sunny, bright colors, sufficient lighting, super quality4K --niji6

背景图相对复杂，可以一次多刷新几组图片出来，生成的背景图素材如下图所示，设计师需衡量选择出最为合适的。例如这里需要让IP人物站立在背景中央，因此挑选带有舞台的图作为封面背景图。

4. 装饰元素生成

IP形象和背景图生成之后，最后还差装饰元素，具体生成哪种装饰元素，需要根据前期的设计思路和页面的需要进行灵活调整。

例如本案例可围绕已生成的手持煎锅的IP形象和消消乐的"美食"主题，生成与食材相关的装饰元素。按照这样的思路，使用上面讲到的方法继续生成卡通萝卜等装饰元素。

1）装饰元素文本描述梳理

装饰元素较为简单，卡通萝卜的文本描述如下：

Cartoon carrot, lcon design, minimalist style, mellow, fillet, transparent texture, chibi, Ul icon, Frosted texture 3d icon. Skeuomorphic icon, mattetexture:octancrendering, HDR, 3d--Niji6

如果画面中还需要其他的装饰元素，都可以使用这套文本描述，只需要更改主体部分的文本描述。

2）AI生成装饰元素

继续使用垫图+文生图的出图方法，从设计网站中寻找符合要求的装饰元素作为垫图参考，这样能以最快的速度得到想要的素材。

将垫图链接和文本描述复制到输入框中，进行出图操作。简单刷新几次就能生成不错的素材，如下图所示。

装饰元素的形状相对比较简单，生成的素材不会有太明显的瑕疵，因此筛选起来不会太耗费时间，只需要从中选择一个风格、表情最为匹配的即可。最后对筛选好的素材进行去背景处理，就能得到一个可使用的装饰元素。

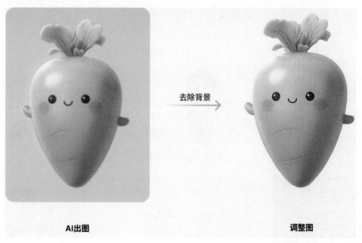

AI出图　　　　　　　　　　　　　　　调整图

运用上述相同的文本描述，更改主体部分的文本描述，即可生成剩下我们需要的卡通洋葱（Cartoon onions）、卡通大鹅（Cartoon goose）、卡通煎蛋（Cartoon omelette）等装饰元素，同样要经过去背景处理，方便之后的视觉合成。

AI出图　　　　　　　　　　　　　　　　　　　　调整图

5. 游戏封面创意合成

IP形象、背景图和装饰元素全部生成之后，接下来切换到设计软件中，对这些素材进行设计合成。首先将IP形象和装饰元素进行合成，注意各个装饰元素位置的摆放。

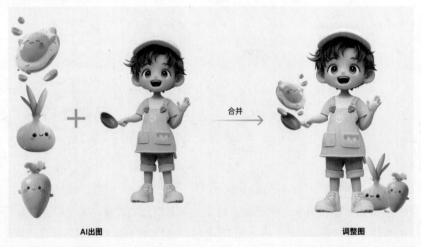

AI出图　　　　　　　　　　　　　　　　　　　　调整图

素材合成后，加入背景图，并加入发光效果（做一道光束打在IP形象身上，在IP形象周围添加光线扩散效果），再加入标题文字等，丰富视觉表现。最后再调节画面的颜色，确保整体颜色统一，这样一张游戏封面视觉设计效果图就完成了。

背景图　　　　　　　　　　　　　　　　　　　　合并图

4.6.5　地图页面视觉设计

1. 视觉设计分析

开始设计前，可以在设计网站中调研分析消消乐游戏中地图页面的设计构成和设计风格。通过调研分析总结出地图页面中需要的设计素材分为三大类：

（1）地图背景，注意要契合之前生成的封面视觉风格；

（2）关卡图标，明确游戏关卡；

（3）功能图标，明确游戏操作区域。

水果消消乐-游戏封面　　　　　　萌猫消消乐-地图页面　　　　　　开心消消乐-地图页面

2. 背景生成

接下来根据游戏封面背景风格生成地图页面的背景，使用垫图＋文生图的出图方法，做到视觉统一。继续使用游戏封面寻找的参考图作为垫图素材，添加文本描述，进行生成。地图背景素材建议生成带有"路线场景"的图片，能给玩家带来逐渐通过关卡，最终到达终点的沉浸感。

添加文本描述为：

Using a reference image to render a fairy tale 3D visualization scene, it is fairy tale like and interesting. A crooked path, Trees, House, BridgeIt has a sense of childlike illustration, with blue sky and white clouds, high-quality, C4D, blender, 8K --niji 6

在Midjourney中输入/imagine指令，在输入框中粘贴参考图网址链接，链接后加入文本描述，进行出图操作。背景图相对复杂，可以一次多刷新几组图片出来，生成的背景图素材如下图所示。

从生成的素材中能看到，每张图的视觉效果都很好，但却各不相同。因此在筛选时，非常考验设计师的审美能力与筛选能力。选出最合适的背景图素材后，单击对应的U按钮，对选中的素材进行放大处理。

3. 关卡图标生成

接下来生成关卡图标，关卡图标由数字和底座合成，可以采用文生图的方法分开生成，再通过软件做合并处理。

底座生成文本描述如下：

circular base, isometric icon, yellow frosted glass white acrylic material, white background, transparent technology sense in the style of data visualization, studio lighting. C4D, octane rendering.high details 8k, blender --niji 6

从生成的底座效果图中挑选出一个风格最为契合的素材，进行去背景处理，就能得到一个完美的关卡底座。

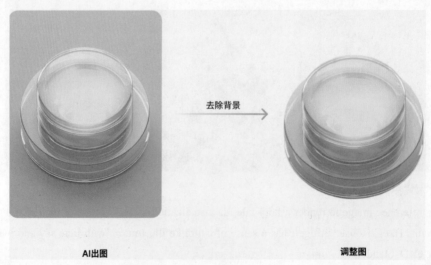

AI出图　　　　　　　　　　　　　　　　　　　调整图

关卡数字同样采用文生图的方法，首先生成"数字1"，挑选出最契合的素材后，再通过"数字1"垫图和更改主体文本描述，逐个生成其他关卡数字。

"数字1"生成文本描述如下：

Figure one, Three-dimensional number one, isometric icon, yellow frosted glass white acrylic material, white background, transparent technology sense in the style of data visualization, studio lighting.C4D, octane rendering.high details 8k, 3D, blender --niji 6

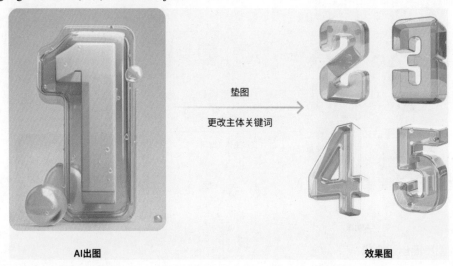

AI出图　　　　　　　　　　　　　　　　　　　　效果图

底座和数字分别单独生成之后，需要将二者合成为关卡图标，在合成的过程中可酌情运用PS软件中的图层样式加入阴影、外发光等效果。

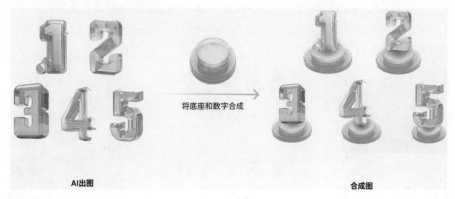

AI出图　　　　　　　　　　　　　　　　　　　　合成图

4. 功能图标生成

通过调研分析，地图页面可以通过排名功能调动玩家参与性；通过商城功能给玩家带来游戏助力，增添游戏可玩性；通过签到功能增加玩家的黏性；等等。因此在这里选择制作"商城""签到""排名""体力"4个游戏功能图标。

功能图标的风格采用圆润立体的视觉效果，来契合卡通3D的IP形象和之前完成的背景图。为更好地控制这一效果，采用垫图+文生图的出图方法进行多次生图，选择出最合适的效果图，之后再通过软件进行合成处理。

商城图标生成文本描述如下：

little house, Three-dimensional small house, Purple, isometric icon, yellow frosted glass white acrylic material, white background, transparent technology sense in the style of data visualization, studio lighting. C4D, octane rendering.high details 8k, blender --niji 6 --ar 3:4

剩下3个功能图标均采用垫图＋替换主体词的方式进行生图。

文本描述替换	主体描述	英文翻译
小房子 （little house）	奖杯	Trophy
	日历本	Calendar book
	闪电图标	lightning bolt 图标

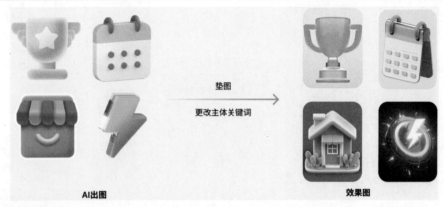

5. 地图页面创意合成

地图背景、关卡图标、功能图标这三类素材全部生成之后，接下来切换到设计软件中，对这些素材进行设计合成。

在背景图上，按照比例位置摆放关卡图标和功能图标。为了达到更好的视觉效果，可在功能图标的位置添加白色云层，既不破坏整体画面，还能将功能图标与背景区分开，使玩家更好辨别。

4.6.6 关卡页面视觉设计

1. 视觉设计分析

关卡页面属于游戏的主要操作页面，玩家在此页面停留时间最多。关卡页面的设计需要保持简洁清晰，做到明确展现游戏任务的同时，保证玩家有良好的游戏体验。接下来我们一起探究关卡页面该如何设计。

海滨消消乐－关卡页面　　　　　　开心消消乐－关卡页面　　　　　　萌猫消消乐－关卡页面

　　开始设计前，可以在设计网站中调研分析消消乐游戏在关卡页面的设计构成和设计风格。通过参考案例能发现，关卡页面的构成相对简单，主要由通关任务区、游戏操作区、功能道具区三部分构成。

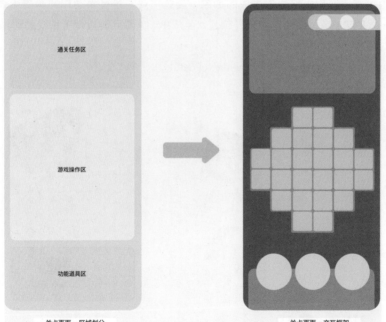

关卡页面－区域划分　　　　　　　　　　　　　　关卡页面－交互框架

　　通过分析，我们可以考虑为各个区域生成所需设计元素。例如通关任务区需要背景图、IP形象、任务板等，来展示游戏通关需要达成的任务信息；游戏操作区需要生成与"美食"相关的单个蔬菜精灵，作为游戏的消除素材。

2. 通关任务区素材生成

1）背景图生成

　　以消消乐的美食主题进行发散联想，可以生成与厨房有关的场景作为背景图。用PS简单绘制背景色块，方便控制生成的画面结构。假设页面有一个灶台，墙上的柜子里面放着各种瓶瓶罐罐。接下来用绘制的草图作为垫图，加上场景具体内容的文本描述进行生成。

场景文本描述如下：

A very cute kitchenette scene, Simple and richcolors, Clay material, Lightweight texture, OC rendering, Solid color background, C4D --niji 6 --s 180 --ar 17:31

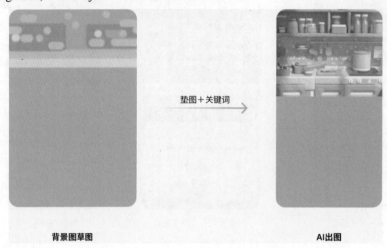

背景图草图　　　　　　　　　　　　　　AI出图

2）IP角色生成

这里的IP角色需要运用之前我们生成的形象，因此需要通过替换动作文本描述来保持角色一致性。根据已经生成的IP形象，结合通关任务信息，生成IP形象看到游戏任务惊叹的动作。

动作变换的添加文本描述如下：

Side by side, Put your hands up，Make a marvel outfit

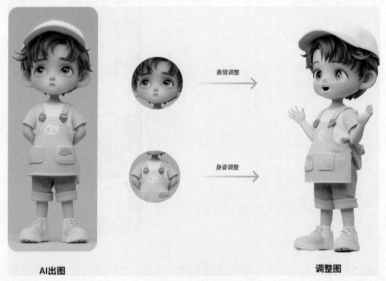

AI出图　　　　　　　　　　　　　　　　调整图

3）装饰元素生成

IP形象和背景图生成之后，最后还差通关任务区中的装饰元素，具体生成哪种装饰元素，需要根据前期的设计思路和页面的需要进行灵活调整。根据前期调研可知，现在缺少"星星"作为通关指标、"任务板"作为消除目标。在这里我们继续使用之前多次使用的文生图的方法进行出图。

星星装饰元素的文本描述如下：

Lovely stars, Upright view, Front, icon design, minimalist style, mellow, fillet, transparent texture, chibi, UI icon, Frosted texture 3d icon, Skeuomorphic icon, matte texture, octane rendering, HDR, 3d

任务板装饰元素的文本描述如下：

Red clipboard, Square Wooden Plank, icon design, minimalist style, mellow, fillet, chibi, UI icon, Frosted texture 3d icon, Skeuomorphic icon, matte texture, octane rendering, HDR, 3d

这里的文本描述使用了游戏封面装饰元素的文本描述，仅替换掉主体描述。使用统一文本描述的方式可以加强各装饰元素的风格一致性。同理，"任务板"装饰元素也可以使用相同的方式进行生成。"星星"和"任务板"出图效果如下图所示。

3. 游戏操作区素材生成

游戏操作区需要单个的消除素材，结合"美食"主题和前面生成的萝卜精灵文本描述，可通过替换主体文本描述，延伸生成类似的元素，保证风格一致性。

上文提及的卡通萝卜的文本描述为：

Cartoon carrot,Icon design, minimalist style, mellow, fillet, transparent texture, chibi, UI icon, Frosted texture 3d icon. Skeuomorphic icon, mattetexture:octancrendering, HDR, 3d --niji 6

结合"美食"主题，可替换主体文本描述为瓜果蔬菜中的花菜、蘑菇等词语。

文本描述替换	主体描述	英文翻译
卡通胡萝卜 （Cartoon carrot）	卡通洋葱	Cartoon onions
	卡通蘑菇	Cartoon mushrooms
	卡通花菜	Cartoon cauliflower

多次生成后挑选出满意的素材，做去背景处理，然后按照消消乐游戏消除区素材的摆放方式进行设计，具体操作为复制素材，整齐摆放，加入消除光效等。处理效果图如下所示。

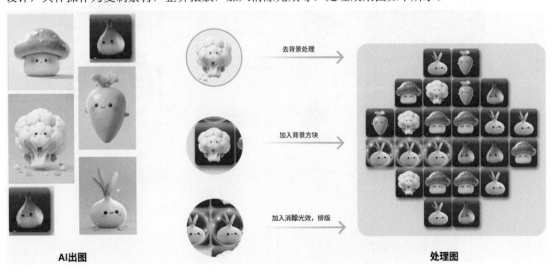

4. 功能道具区素材生成

结合"美食"主题和上文生成的星星装饰元素的文本描述，通过替换文本描述，延伸生成类似的功能道具，保证风格一致性。

上文提及的星星装饰元素的文本描述为：

Lovely stars, Upright view, Front, icon design, minimalist style, mellow, fillet, transparent texture, chibi, UI icon, Frosted texture 3d icon, Skeuomorphic icon, matte texture, octane rendering, HDR, 3d

结合"美食"主题，可替换主体文本描述为儿童厨房用具中的煎锅、铲子等词语。

文本描述替换	主体描述	英文翻译
可爱星星 （Lovely stars）	可爱的儿童玩具锤子	Cute toy hammer for kids
	可爱的儿童玩具煎锅	Cute toy frying pan for kids
	儿童炒锅铲	Cute toys for kids, children's stir-fry spatula

多次生成，挑选出满意的素材，做去背景处理，加入气泡装饰、数字信息等，方便后续的创意合成，处理效果如下图所示。

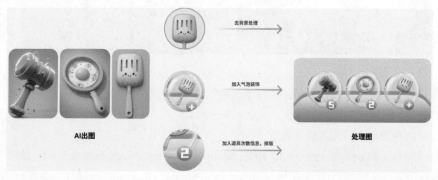

5. 关卡页面创意合成

各种所需元素生成筛选完成后，可按照调研分析内容和交互框架的分区，将背景、IP形象和生成的装饰元素进行合成。为了达成更好的视觉效果，可以通过PS加入阴影等。最后适当加入文字"关卡12"等，丰富画面的内容信息。

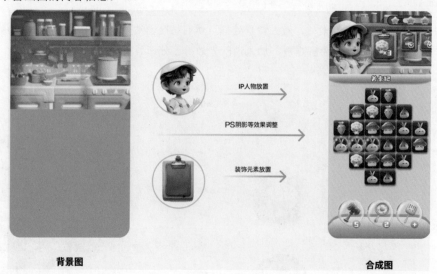

4.6.7 结算弹窗视觉设计

结算弹窗由弹窗、装饰元素、功能图标组成。通过前期其他页面的元素出图，我们已经拥有一些可重复使用的功能图标元素，结算弹窗所需的功能图标可使用之前生成的元素，因此我们只需要生成弹窗和装饰元素。

1. 弹窗生成

弹窗继续使用垫图+文生图的出图方法，从设计素材网站中寻找符合要求的背景图作为垫图参考。如果有多张参考垫图，最好这些图都能保持一致的颜色和风格，这样Midjourney才能更好地识别出图。

宾果消消乐-结算弹窗　　　　海滨消消乐-结算弹窗　　　　开心消消乐-结算弹窗

将参考图上传到Midjourney后，将获得的垫图链接复制到文本描述的最前面，最后得到背景图完整的文本描述为：

https://s.mj.run/sDOlNKJrQ24 The game interface UI design of the European and American cartoon frame with stars, is designed for children's games, cute style, colorful buttons and intuitive display styles, wooden board, white background, black border --niji 6

在Midjourney中输入/imagine指令，将完整的文本描述复制到输入框中，进行出图操作。背景图相对复杂，可以一次多刷新几组图片出来，生成的背景图素材如下图所示。

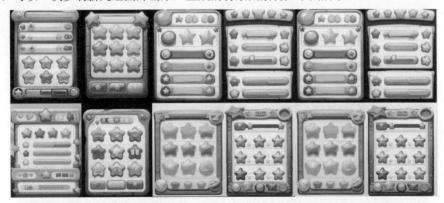

设计师需要通过自己的审美能力与筛选能力，从众多素材中选出最合适的背景图素材，单击对应的U按钮，对选中的素材进行放大处理。

在这个基础上，需要对筛选出来的背景图进行二次调整。去除画面中复杂的图案，尽可能保持弹窗的简洁，然后加入功能图标等元素。另外，由于Midjourney无法生成标准的中文字体，因此弹窗图中需自行添加"第12关""下一关"等文字信息。经过这些细节调整，就能得到一个可使用的弹窗素材。

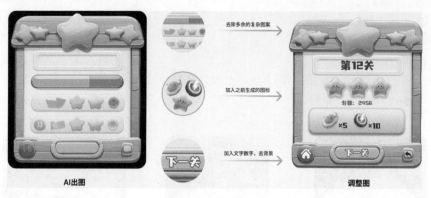

AI出图   调整图

2. 装饰元素生成

弹窗作为游戏奖励结果的公布，需要营造欢乐庆祝的氛围，因此考虑生成烟花和丝带元素作为弹窗装饰。继续使用垫图+文生图的出图方法，从设计素材网站中寻找符合要求的背景图作为垫图参考。

将参考图上传到Midjourney后，将获得的垫图链接复制到文本描述的最前面，最后得到烟花装饰的文本描述为：

https://s.mi.run/gil_a.l2nUs 3D icon of fireworks, stars, in the style of cartoon, vector illustration, simple design,low details, cute.isometric view, black background, green and bluegradient color --niji 6

丝带装饰文本描述为：

Red ribbon banner decoration vector illustration on a transparent background, in the style of flat design, in the style of adobe illustrator, with flat colors, in the style of adobe stock, with no shadows and no gradients

在Midjourney中输入/imagine指令，将完整的文本描述复制到输入框中，进行出图操作，可以一次多刷新几组图片出来，选择出效果最为合适的一张做去背景处理，为下一步的元素合成做准备。

3. 结算弹窗创意合成

弹窗素材、装饰元素生成结束，可以通过PS软件进一步组装合成。将装饰元素放置在弹窗素材的背后，营造烟花升空绽放的庆祝效果。接下来运用PS制作WIN文字效果，为了将WIN与烟花分开，在文字和烟花装饰中插入丝带装饰，使WIN更为明显。最后加入发光效果，进一步增强视觉表现。

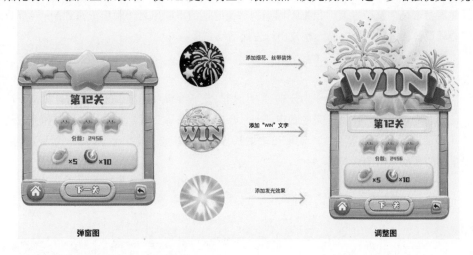

弹窗图　　　　　　　　　　　　　　　　　　　　　　　　调整图

4.6.8　消消乐游戏创意合成总结

整个设计流程到此告一段落，运用Midjourney生成设计元素的方法灵活多变，可以根据所需素材的难易程度来灵活使用不同的方法进行出图，简单的素材可以直接使用文生图，方便快捷，但是视觉风格较为随机，不可控。遇到案例中元素复杂的情况可以考虑使用垫图、风格提取等多种方式出图，能够更好地生成所需风格的效果图。

另外，建议大家在结合AI做类似复杂的游戏设计时，可采用页面划分、区域划分的设计方法。产出素材时，需要时刻注意产出图之间风格的统一；产出IP形象时，注意形象的一致性。这样能为用户带来更流畅的使用体验。

游戏封面　　　　　　　　地图页面　　　　　　　　关卡页面　　　　　　　　结算页面

经过上述对设计思路、流程和AI出图设计实操的详细讲解，整个消消乐游戏设计就全部完成了。

4.7 出游季主题运营设计

4.7.1 项目背景

为促进旅游市场的繁荣发展，根据不同类型旅游胜地的不同风景，制作一系列App开屏页海报，结合用户心理设计相关活动及礼品，构建出行主题活动。

4.7.2 活动框架

本次活动分为两个主线。活动一为分享参与计划，分享给新人好友后好友参与计划，方可领取出行礼包；活动二为自行参与计划，完成既定任务，开启出行礼品宝箱。通过分享好友和完成任务，以此来提升用户活跃度和活动参与度，实现用户增长与裂变效应。另外，这两条主线活动排版布局一致，只是里面的活动介绍图标不同。

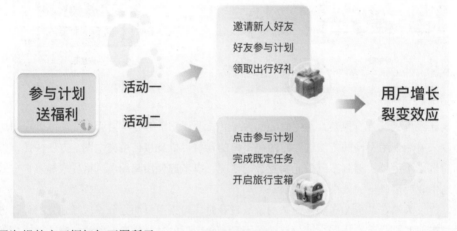

开屏海报的交互框架如下图所示。

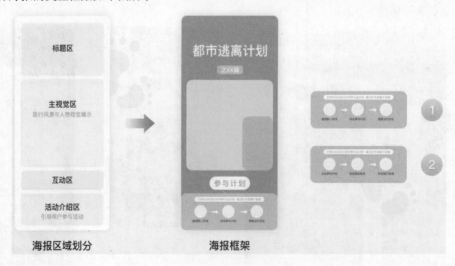

4.7.3 设计流程

有了开屏海报的交互框架作为基础，接下来就可以具体思考海报中的主视觉区、标题区、互动区和活动介绍区分别需要呈现出怎样的效果或场景，再结合AI进行辅助出图。设计流程如下：

（1）明确设计目标与设计主题；

（2）确定画面内容；

（3）收集参考素材及确定设计风格；

（4）AI辅助出图；

（5）设计素材合成优化；

（6）海报完整设计。

4.7.4　海报主视觉区设计

为了能营造旅行氛围并吸引参与者，需要考虑多个设计元素，例如能突出旅行自然风光的场景，有露营、海滩、采摘、雪地；接下来考虑画面的主体物，由于游玩需要体现的是活力，所以设计作品就采用青春、积极、阳光的人物来作为画面主体。这些场景与人物都能很好地体现旅行的欢乐与氛围。

1. 露营篇

1）背景图生成

按照"主体描述+风格设定+图像参数"的描述词结构，主体部分就是草地露营场景，再依次补充主体的属性和材质、想要的出图风格以及图像的质量等描述，整理得到的文本描述如下。

主体描述		风格设定		图像参数	
主体	露营帐篷	风格描述	3D、黏土	图像精度	高清
颜色	绿色	环境背景	浅色背景	图像质量	最佳品质、16K
特点	可爱、卡通	参考风格	极简主义	模型	Niji5
材质	光滑、光泽				

此背景图运用了垫图的方法，露营篇背景图的文本描述如下：

https://s.mj.run/Fc8VDzC_2sw 3D clay world, pure white background, ray tracing, minimalism, distant view, On the lawn in spring, a tent, and some camping tools, rich details, animated lighting, depth of field, cartoon-style, orthographic view, 3D, C4D, blender, behance, OC Renderer, high detail, 16K --ar 3:4 --s 400

以下是垫图及AI出图展示。

2）主体人物生成

按照"主体描述+风格设定+图像参数"的描述词结构，主体部分就是穿连衣裙、背包、戴棒球帽的小女孩，再依次补充主体的属性和材质、想要的出图风格以及图像的质量等描述，整理得到的文本描述如下。

主体描述		风格设定		图像参数	
主体	穿连衣裙、背包、戴棒球帽小女孩	风格描述	3D、黏土	图像精度	高清
颜色	极简色彩	环境背景	纯白背景	图像质量	最佳品质、8K
特点	卡通	参考风格	泡泡玛特	模型	Niji5
材质	光滑、光泽		迪士尼动画		

接下来使用图生文+文生图的方法：第一步，使用/describe指令上传参考图片获得文字描述，得到四条不同描述文字；第二步，选择第一条文字描述进行整理与修改，得到完整的文本描述；第三步，添加垫图，得到完整的描述。

1 3d model of a girl with a backpack and a backpack in her hand, in the style of contemporary candy-coated, fairy tale illustrations, tamron 24mm f/2.8 di iii osd m1:2, light pink and green, lively movement portrayal --ar 97:128

2 anime girl is running with her backpack and hat, in the style of tiago hoisel, light green and light bronze, yanjun cheng, 8k 3d, candycore, charming illustrations, nusch éluard --ar 97:128

3 image of a girl running with a backpack, in the style of hyper-realistic pop, whimsical character design, 32k uhd, light pink and green, dolly kei, playful still lifes, clowncore --ar 97:128

4 girl running with backpack on her shoulder, in the style of ray caesar, vray tracing, contemporary candy-coated, uhd image, green, xiaofei yue, cartoony characters --ar 97:128

露营篇人物图的文本描述如下：

https://s.mj.run/ngn-U8yk8Bk 3d model of a girl with a backpack and a backpack in her hand, wear a dress, wearing a baseball cap on head, in the style of contemporary candy-coated, fairy tale illustrations, light pink and green, lively movement portrayal, 16K --ar 3:4

以下是AI出图展示。

3）图像处理

从以上众多图像中选出合适的背景图和人物图进行处理与应用。其中背景图不做处理原图直接用，人物图首先对腿部细节多余元素进行消除与调整，最后去除背景。

4）合成效果

根据画面整体对背景图进行适当填充，将人物放置在画面右下角进行排版合成，最终的效果如下图所示。

2. 海滩篇

1）背景图生成

按照"主体描述+风格设定+图像参数"的描述词结构，主体部分就是海滩度假场景，再依次补充主体的属性和材质、想要的出图风格以及图像的质量等描述，整理得到的文本描述如下。

主体描述		风格设定		图像参数	
主体	海滩度假风光	风格描述	3D、黏土	图像精度	高清
颜色	极简色彩	环境背景	纯白背景	图像质量	最佳品质、16K
特点	可爱、卡通	参考风格	极简主义	模型	Niji5
材质	光滑、光泽				

此背景图同样采用垫图来完成，最终背景图的文本描述如下：

https://s.mj.run/Fc8VDzC_2sw 3D clay world, ray tracing, pure white background, minimalism, minimal colours, Seaside resort scenery, rich details, distant view, animated lighting, depth of field, cartoon-style, orthographic view, 3D, C4D, blender, behance, OC Renderer, high detail, 16K --ar 3:4 --s 400

以下是垫图及AI出图展示。

垫图

2) 主体人物生成

按照"主体描述+风格设定+图像参数"的描述词结构，主体部分就是拿着冲浪板的小女孩，再依次补充主体的属性和材质、想要的出图风格以及图像的质量等描述，整理得到的文本描述如下表。

主体描述		风格设定		图像参数	
主体	冲浪板小女孩	风格描述	3D、黏土	图像精度	高清
颜色	极简色彩	环境背景	纯白背景	图像质量	最佳品质、8K
特点	卡通	参考风格	泡泡玛特	模型	Niji5
材质	光滑、光泽		迪士尼动画		

主题人物图的文本描述如下：

3D, art 3D character, Disney Pixar animation, pop mart, ray tracing, c4d, soft light, surfing, cartoon characters, Rich colors, blue tone, disney animation, game art, Little girl holding a surfboard, cartoon scene, blender, best quality, 8k --ar 3:4 --s 400

以下是AI出图展示。

3）图像处理

在背景图与人物图中选出最符合主题的图像进行后期处理，如背景处理、其他多余元素处理、人物细节调整等。

背景(AI出图)　　　　背景(调整图)　　　　　　人物(AI出图)　　　　人物(调整图)

背景处理　地面细节处理　画面多余元素处理　　　　鞋子细节调整　手部细节调整　去除背景

4）合成效果

根据画面整体对背景图进行适当填充，将人物放置在画面右下角进行排版，最终的合成效果如下图所示。

根据画面整体对背景图进行适当填充　　　　　　将人物放置画面右下角

3. 采摘篇

1）背景图生成

按照"主体描述+风格设定+图像参数"的描述词结构，主体部分是苹果采摘园场景，再依次补充主体的属性和材质、想要的出图风格以及图像的质量等描述，整理得到的文本描述如下。

主体描述		风格设定		图像参数	
主体	苹果采摘园	风格描述	3D、黏土	图像精度	高清
颜色	极简色彩	环境背景	纯白背景	图像质量	最佳品质、16K
特点	可爱、卡通	参考风格	极简主义	模型	Niji5
材质	光滑、光泽				

此背景图运用了垫图的方法，采摘篇主题背景图的文本描述如下：

3D clay world, ray tracing, pure white background, minimalism, minimal colors, apple picking garden, rich details, distant view, animated lighting, depth of field, cartoon style, orthographic view, 3D, C4D, blender, behance, OC Renderer, high details, 16K, --ar 3:4 --s 400

以下是垫图及AI出图展示。

2）主体人物生成

按照"主体描述+风格设定+图像参数"的描述词结构，主体部分就是拿着篮子的小女孩，再依次补充主体的属性和材质、想要的出图风格以及图像的质量等描述，整理得到的文本描述如下表。

	主体描述		风格设定		图像参数
主体	手拿篮子的小女孩，篮子里装着红苹果	风格描述	3D、黏土	图像精度	高清
颜色	极简色彩	环境背景	纯白背景	图像质量	最佳品质、8K
特点	卡通	参考风格	泡泡玛特迪士尼动画	模型	Niji5
材质	光滑、光泽				

采摘篇主题人物图的文本描述如下：

3D, art 3D character, Disney Pixar animation, pop mart, ray tracing, c4d, soft light, cartoon characters, Rich colors, disney animation, game art, Little girl with a small basket in her hand, the basket contains red apples, cartoon scene,best quality 8K --ar 3:4 --s 400

以下是AI出图展示。

3）图像处理

在背景图与人物图中选出最符合主题的图像，进行后期处理，如背景处理、其他多余元素处理、人物细节调整等。

4）合成效果

根据画面整体对背景图进行适当填充，将人物放置在画面右下角进行排版，最终的合成效果如下图所示。

4. 雪地篇

1）背景图生成

按照"主体描述+风格设定+图像参数"的描述词结构，主体部分是雪地里的松树房子，再依次补充主体的属性和材质、想要的出图风格以及图像的质量等描述，整理得到的文本描述如下表。

主体描述		风格设定		图像参数	
主体	雪地里的松树房子	风格描述	3D、黏土	图像精度	高清
颜色	极简色彩	环境背景	纯白背景	图像质量	最佳品质、16K
特点	可爱、卡通	参考风格	极简主义	模型	Niji5
材质	光滑、光泽				

此背景图运用了垫图的方法，雪地篇主题背景图的文本描述如下：

https://s.mj.run/Fc8VDzC_2sw 3D clay world, pure white background, ray tracing, minimalism, minimal colours, Winter snow scene, a house, the pine trees are covered with snow, rich details, distant view, animated lighting, depth of field, cartoon-style, clay materials, orthographic view, 3D, C4D, blender, behance, OC Renderer, high detail, 16K --ar 3:4 --s 400

以下是雪地篇主题背景的垫图及出图效果展示。

2）主体人物生成

按照"主体描述+风格设定+图像参数"的描述词结构，主体部分是堆雪人的小女孩，再依次补充主体的属性和材质、想要的出图风格以及图像的质量等描述，整理得到的文本描述如下。

主体描述		风格设定		图像参数	
主体	堆雪人的小女孩	风格描述	3D、黏土	图像精度	高清
颜色	极简色彩	环境背景	纯白背景	图像质量	最佳品质、8K
特点	卡通	参考风格	泡泡玛特	模型	Niji5
材质	光滑、光泽		迪士尼动画		

雪地篇主题人物图的文本描述如下：

3D, art 3D character, Disney Pixar animation, pop mart, ray tracing, c4d, soft light, cartoon characters, Rich colors, disney animation, game art, a little girl is building a snowman, cartoon scene,best quality 8k --ar 3:4 --s 400

以下是雪地篇主题人物出图效果展示。

3）图像处理

在背景图与人物图中选出最符合主题的图像，进行后期处理，如背景处理、其他多余元素处理、人物细节调整等。

背景(AI出图)　　背景(调整图)　　人物(AI出图)　　人物(调整图)

地面细节处理　画面多余元素处理　　　　去除背景

4）合成效果

根据画面整体对背景图进行适当填充，将人物放置在画面右下角进行排版，最终的合成效果如下图所示。

根据画面整体对背景图进行适当填充　　　　将人物放置画面右下角

4.7.5　海报其他元素设计

1. 活动介绍区图标设计

1）活动介绍区图标元素生成

根据活动策划内容，为海报设计了活动介绍区，为了使介绍区更加生动形象，使用图标来展示此内容。其中活动一包含新人好友、计划本和礼包三个内容，活动二包含手机、计划表和宝箱三个内容。

活动一包含元素的文本描述如下：

新人好友：art of a cartoon character with blue and white hoodie, and 3d rendering, delicate shading, shiny/glossy, cartoonish innocence, louis, warm tonal range, cartoonish realism --ar 3:4 --niji 6

计划本：a folder, 3D icon, clay, Cartoon and lovely, Nintendo, pop mart, c4d, soft light, Luster, Redand yellow, Gradient color, White background, The highest detail, HD --niji 6

礼包：Gift box, 3D icon, clay, Cartoon and lovely, Nintendo, pop mart, c4d, soft light, Luster, Redand yellow, Gradient color, White background, The highest detail, HD --niji 6

以下是Midjourney的出图展示。

活动二包含元素的文本描述如下：

手机：a mobile, 3D icon, clay, Cartoon and lovely, Nintendo, pop mart, c4d, soft light, Luster, Redand yellow, Gradient color, White background, The highest detail, HD --niji 5

计划表：a calendar, 3D icon, clay, Cartoon and lovely, Nintendo, pop mart, c4d, soft light, Luster, Redand yellow, Gradient color, White background, The highest detail, HD --niji 5

宝箱：treasure box, 3D icon, clay, Cartoon and lovely, Nintendo, pop mart, c4d, soft light, Luster, Redand yellow, Gradient color, White background, The highest detail, HD --niji 5

以下是AI出图展示。

注：此环节的图标生成使用了同样的文本描述，只替换主体物名称（新人好友图标除外）。

2）活动介绍区图标后期处理

为了图标更加美观，从中选出最好的来进行后期处理，主要是去除背景，其次是细节调整，如去除画面多余元素等。以下是两个活动的具体处理结果展示。

2. 标题及其他元素设计

为了使画面更加完整和丰富，为这幅作品添加标题、交互按钮和气泡设计。标题采用较卡通的类型，与画面呼应衬托主题氛围。标题是对整个画面内容的概括和提炼，文字则是对画面细节、背景故事的补充和说明。这些文字信息不仅能够帮助用户更好地理解画面的内涵和意义，还能够提升画面的艺术价值和观赏性。对于交互按钮设计，除了常规设计外，在按钮上加入小脚丫元素，烘托旅行主题。画面中两个气泡元素不但能丰富画面，还可以起到解释活动的作用。

4.7.6　海报合成效果展示

将之前生成的背景图、人物图及其他设计元素进行融合，确保画面的整体性和协调性。

以"露营篇"为例，展开说明整个海报的整合过程。首先，活动介绍区是引导用户如何参与活动的流程示意，在此加入由 AI 生成的图标元素，并为之写好相应的活动描述文字，进行排版设计。这里使用卡通图标，可以为整个画面增添几分生动和趣味。最后将已设计完成的标题字放入标题区，再将其他设计元素融入画面之中，这样一个完整的海报就设计完成了。

下面是其余三张海报的合成效果展示，合成方法与"露营篇"相同。

4.7.7　视觉延展

将海报延展成弹窗与banner，提升宣传效果与用户体验。同时，通过弹窗与banner的交互设计，还能够引导用户进行进一步的操作，实现更好的营销效果。

弹窗

banner

第5章 | AIGC设计实践——B端设计

5.1 B端产品分类/应用场景

在当今数字化转型的大潮中，B端产品作为企业运作和管理不可或缺的工具，扮演着日益重要的角色。本节首先概述B端产品的分类和特点，然后分析设计B端产品时需要遵循的设计原则，最后讲解具体的设计应用场景。通过对B端产品的介绍，让大家对其有初步的认识，为后面的设计应用做好铺垫。

5.1.1 B端产品的分类与特点

B端产品涵盖了多个领域，在提升企业运营效率、优化管理流程、促进协同工作以及支持决策制定等方面有显著作用。以下是一些常见的B端产品分类。

办公自动化（OA）产品：主要提供文档管理、任务分配、会议安排、审批流程自动化等工具，提升企业内部沟通和办公效率。

企业资源规划（ERP）产品：一种集成化的管理信息系统，涵盖了财务、采购、库存、人力资源、生产等多个业务流程，帮助企业实现资源的全面规划与优化。

客户关系管理（CRM）产品：专注于管理企业与客户之间的关系，包括客户信息管理、销售管理、市场营销自动化、客户服务和支持等功能，帮助提升销售效率和客户满意度。

供应链管理（SCM）产品：用于协调和优化供应链上的所有活动，包括供应商管理、物流、库存控制、订单处理等，以降低运营成本并提高响应速度。

人力资源管理（HRM）产品：涵盖员工招聘、培训、绩效评估、薪酬福利管理、考勤与休假管理等，帮助人力资源部门高效管理企业的人力资源。

内容管理系统（CMS）：面向企业的后台管理系统，如电商的商家后台、内容发布平台的编辑后台等，用于管理前端展示的内容和数据。

除了这些比较成熟的大型产品系统，还有一些专注于某个行业或业务的工具类B端产品。

企业级即时通讯与协作工具：如国内的钉钉，国外的Slack等，提供团队聊天、文件共享、视频会议等，促进团队间的即时沟通与协作。

项目管理工具：如国内的禅道，国外的Jira、Trello等，帮助团队计划、跟踪和管理项目任务，提升项目执行效率。

财务管理工具：专注于会计、预算管理、费用控制、财务报表生成等，支持企业的财务规划和决策。

商务智能（BI）工具：提供数据可视化、数据分析、报表生成等功能，帮助企业从大量数据中提取洞察，支持战略决策。

这些不同类型的产品通过云服务或本地部署的形式为企业提供支持，保障企业数字化转型和日常运营，满足多个不同业务场景的需求。

作为面向企业或组织用户的产品，B端产品还具备以下特点。

目标用户是群体而非个体：B端产品的用户不是单个消费者，而是企业、组织或团队中的多个成员，他们通常有特定的角色和职责，需要协同工作完成业务目标。

效能优先，体验其次：与C端产品追求极致用户体验不同，B端产品更注重提升工作效率、减少操作成本，流程优化和功能实用性高于界面美观和交互流畅度。

业务逻辑复杂：B端产品需处理企业级的复杂业务场景，涉及多变的流程、规则和权限管理，因此在设计时需要深入且细致地理解业务和产品逻辑。

高度定制化和可配置：企业需求多样，B端产品往往提供高度定制服务，允许企业根据自身业务流程和需求调整功能模块、界面布局等。

强调安全性和稳定性：企业数据敏感性高，B端产品在设计时必须严格确保数据安全、系统稳定可靠，通常要遵循行业安全标准和法规要求。

集成与扩展性：B端产品常与其他系统（如ERP、CRM等）集成，须具备良好的API接口和扩展性，以适应企业IT生态的需要。

长期服务与迭代：B端产品的生命周期较长，伴随企业成长，产品需要持续优化升级，提供长期的技术支持和服务，形成深度的合作关系。

5.1.2　B端产品设计原则

清晰的信息架构

信息架构是指如何组织和规划产品的内容，确保用户能快速找到他们需要的信息。对于B端产品，意味着首先需要进行深入的业务分析，了解目标用户群体的日常工作流程和信息需求。

设计时，采用"扁平化"或"层次化"的导航模式，根据内容的重要性和使用频率合理分组。例如：将最常用的功能置于显眼位置或设计为快捷入口，而将次级功能归类到下拉菜单或子菜单中；使用面包屑导航帮助用户了解当前位置；放大搜索功能，以便快速定位特定的信息。

高效的信息展示

高效的信息展示要求设计师在页面设计上精简冗余，凸显重点。包括使用数据可视化工具（如图表、仪表盘）来呈现复杂数据，让数据趋势和关键指标一目了然。采用列表、表格或卡片布局，根据内容性质选择最合适的展现形式。

同时，利用颜色、大小、留白等视觉元素增强对比，引导用户关注重要信息。此外，支持自定义视图，如列选择、排序和过滤等，以适应不同用户的查看偏好。

提高操作效率

提高操作效率意味着简化工作流程，减少用户完成任务所需的步骤和时间。实现这一目标的方法包括：设计一键操作、批量处理功能（如批量编辑、删除），以及智能表单填充和记忆用户偏好。另外，引入自动化流程，如自动保存、定时任务执行，也是提升效率的有效手段。

在界面设计上，确保高频操作的元素易于点击操作，例如将元素放在页面顶部或侧边栏。

可定制性

为了满足不同企业和用户的具体需求，B端产品应提供高度的可定制性。这可以体现在界面布局的调整、工作面板的自定义、数据视图的选择等方面。例如，允许用户自由拖动模块来构建个性化的首页，或是在报表页面中选择显示哪些数据列。

设计时需要预留足够的接口和配置选项，同时保持定制过程的易用性，避免过度复杂导致用户困惑。

品牌一致性

一致的设计语言有助于用户快速熟悉并掌握产品的使用方法，减少学习成本。例如颜色方案、字体选择、图标风格、按钮样式等元素的一致应用。同时要融入品牌元素，如标志、口号和主题色调等，能够加强产品的识别度和信任感。建立并维护一套详细的设计系统或样式指南，确保跨团队、跨产品的设计一致性。

5.1.3　设计应用场景

Midjourney作为一款基于人工智能的图像生成工具，在B端产品设计领域展现了其独特的价值，尤其是在页面设计和视觉设计方面，它通过创新的技术和高效的工作流程，极大地提升了设计效率和创意可能性。以下是Midjourney在B端产品设计中的应用场景。

界面原型设计

利用Midjourney，设计师可以快速生成B端界面的初步布局。在B端产品设计初期，Midjourney可以通过简单的文本指令快速生成多种界面布局和风格的原型。例如，输入"企业级项目管理软件，包含任务看板、时间线和资源分配模块，风格为深色主题，注重信息密度和易用性"，系统即能生成与要求相符的界面设计初稿，大大缩短了从构思到原型展示的时间。

图标设计

B端产品通常需要大量清晰、专业的图标来代表各种业务功能和数据指标。Midjourney可以根据描述提示，如"企业级数据分析图表图标"，自动生成一系列符合B端审美和功能需求的图标设计。用户可以通过调整描述细节，比如"扁平化风格""线性图标"或"立体感"，来精确控制图标的设计风格和表现形式。

Midjourney能够确保生成的图标在尺寸、颜色和风格上保持一致，这对于构建统一、专业的B端产品界面至关重要。设计师可以设定一套文本描述，如"等距视图（isometric view）"和"玻璃质感（Glassmorphism）"等，确保所有图标在视觉上协调一致。

视觉风格探索与升级

B端产品往往强调品牌识别度，Midjourney允许设计师输入特定的品牌色彩代码和设计风格指南，如"采用公司品牌的蓝色调，结合简洁现代的扁平化设计"，确保生成的视觉元素与品牌视觉语言保持一致。

对于已有的B端产品界面，Midjourney能帮助设计师快速尝试不同的视觉风格升级，比如从传统的拟物化风格转向流行的扁平化或Material Design风格，只需简单调整输入的指令即可完成风格转换。

数据可视化与图表设计

B端产品常涉及复杂的数据展示，Midjourney能根据数据类型和展示需求，生成直观且符合业务逻辑的图表。例如，"一个交互式的数据仪表盘，展示销售趋势、市场份额和KPI指标，采用动态条形图和饼状图，颜色区分不同区域市场"，这样的指令可以生成既美观又实用的数据可视化界面。

综上所述，Midjourney在B端产品设计中的应用，不仅限于提升设计效率，更重要的是它提供了无限的创意可能，帮助设计师突破传统设计工具的局限，快速实现从概念到成品的转化，同时保证了设计的一致性和专业性。

5.2　B端登录页设计

5.2.1　登录页设计要点

登录页作为用户接触产品的第一个界面，可以称为B端产品的"门面"，承担着展示产品形象和提高品牌辨识度的重要作用，是B端产品必备的页面。

作为用户进入系统的第一个界面，登录页的设计风格、色彩搭配和视觉效果会直接影响用户对于产品的第一印象。一个专业、精美的登录页能给用户留下良好的印象，提升用户对系统的信任感和满意度。在进行B端登录页设计时，为了能带来更加高效和专业的使用体验，需要注意以下设计要点。

一致性：这里的一致性涵盖多个方面的统一，例如保持品牌的一致性，使用与品牌或产品一致的颜色、字体和布局，以加强品牌识别度；保持设计元素的一致性，在登录页中使用统一的字体、字号、颜色等，保持视觉上的连贯性，让登录页的设计能够融入整个B端产品中，为产品增加视觉闪光点；保持交互的一致性，确保用户在不同页面和功能之间的交互方式保持一致，例如输入框的激活状态、登录按钮的单击效果等。

简洁性：登录页的设计需要清晰简洁，页面中只包含必要的登录字段和按钮，避免添加过多的装饰性元素，方便用户快速找到登录入口并完成操作；登录页还需要保持布局清晰明了，将登录字段和按钮放在用户能一眼看到的位置，同时使用清晰的标签和提示文案来指导用户操作。

易用性：登录页不仅需要看起来简洁，在实际操作时更需要保持简单易用。在设计时，尽可能为用户提供直观的操作流程，在用户输入信息或进行操作时，提供即时的提示和反馈，以便即时了解当前的状态和结果；当用户输入错误的信息时，提供友好的错误提示和建议，帮助用户快速找到问题并解决。

了解完设计要点后，接下来介绍一下B端登录页的元素构成和版式布局。B端登录页的构成相对简单，包括登录框、登录背景、产品信息：登录框内包含登录/注册填写表单、登录按钮等必备的UI控件；登录背景可能是图片或者颜色填充；产品信息主要包括这个产品的logo、产品slogan或者功能介绍等内容。

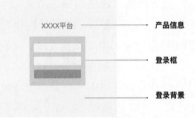

登录框作为整个登录页中最重要的构成元素，根据登录框的位置可以将登录页分为登录框居左、居中和居右三种常见的版式布局，如下图所示。因为B端登录页中的元素比较少，在设计登录页的版式和布局时就会比较灵活多变，具体选择哪种版式布局，还需要结合产品的需求和定位进行灵活选择。

接下来将以3D立体场景、深色科技场景、数字城市场景等类型的B端登录页设计为案例，展开讲解如何借助Midjourney来辅助完成不同主题类型的B端登录页设计。

5.2.2　3D立体场景B端登录页

在B端登录页设计中，3D风格变得越来越流行，3D设计的加入让页面具有丰富的层次感和立体感，能给用户带来强烈的视觉冲击，迅速吸引用户的注意力，使用户更加关注登录页的内容和功能。

同时，B端用户通常更加注重系统的专业性和高效性，3D风格能够为用户带来更加直观和生动的视觉体验，使用户更加快速地理解系统的核心功能或操作方式。接下来将以3D立体风格的登录页设计为例，展开讲解具体的设计流程。

案例一：B端金融产品登录页设计

首先以一个B端金融产品的登录页为例，为登录页设计一个3D场景，体现金融产品的专业性与权威性。

设计要求是颜色上采用金色，与财富、成功和高质量联系在一起，体现全球化和国际业务的概念；图中需要体现图表和数据可视化，表明产品以数据分析或数据管理为特色，强调其对数据的重视和处理能力；设计风格上采用干净的线条和3D元素，展示产品的现代感和未来感。根据上述提到的要求，按照"主体描述+风格设定+图像参数"的描述词结构，梳理需要用到的文本描述如下：

主体描述部分，体现金融风格，球体，金币，仪表盘，人工智能，网络等元素；

风格设定部分，采用透明科技感，未来极简主义，白色背景等描述；

图像参数部分，采用工作室照明，3D渲染等描述。

最后再加一个16:9的横版比例，方便生成的登录页在PC端展示。整理得到的文本描述为：

Financial style, sphere, golden coin, artificial intelligence, web, transparent sense of science and technology, isometric image of a futuristic dashboard showing charts, white background, lighting, typography, minimalist, studio lighting, 3D rendering, blender, C4D --ar 16:9

将这些描述复制到Midjourney中进行出图，生成的图片效果如下图所示。生成的登录页采用了现代、干净的3D风格，以高光泽和金色为主，营造出一种高科技和未来感。同时，生成的图中使用了柔和的光影效果和反射质感，增强了画面视觉的丰富性和深度。在主题方面，每张图片都围绕着一个金色的球体，周围是代表城市建筑的几何形状和抽象化的数据图表。这些元素象征着全球金融、经济的概念，球体强调了主题的全球性，这些设计可以用于商业、财经或科技相关的视觉呈现。

从生成的登录页中挑选出主题明确、效果突出的素材图，将挑选的图片导入登录页中作为背景图。为了增加登录页的层次感，可以在背景图的基础上添加一个半透明的登录框，在登录框中展示必备的登录表单、登录按钮等控件。登录表单可采用简洁的线框效果，按钮采用黑色的填充效果，与整体色调形成对比，突出其重要性，引导用户进行登录操作。

最后将录框与登录背景进行居中对齐排版，一个金融主题的B端登录页就完成了，设计效果如下图所示。

在B端金融产品中，除了使用金色为主的颜色外，很多产品为了体现科技感的属性，往往会考虑在设计中加入蓝色调。那么如果想在上面讲到的金色风格的登录页设计的基础上，加入蓝色磨砂玻璃的风格，需要如何调整文本描述进行AI出图呢？

在出图前，按照"主体描述+风格设定+图像参数"的描述词结构，梳理需要用到的文本描述如下：

主体描述部分，生成一个体现金融风格的服务图标，颜色上要体现金色、蓝色磨砂玻璃、明亮的渐变色；

风格设定部分，体现人工智能、透明科技感，构图上采用等距视角，材质上选择白色亚克力材质，简约外观，白色背景等；

图像参数部分，使用8K分辨率，高清晰度，工作室照明，3D渲染，比例选择16:9的横版尺寸。

整理得到的文本描述为：

a financial service icon, Financial Economics, golden color, multi-layered, blue frosted glass, brightColor, gradient color, artificial intelligence, Transparent sense of science and technology, the isometric design of the ui, white acrylic material, minimalist appearance, white background, 8K resolution, high definition, studio lighting, industrial design, a wealth of details, pinterest, 3D rendering, C4D --ar 16:9

生成的登录素材效果如下图所示。素材图中冷色调的蓝色和暖色调的金色，与第一个登录页的案例效果形成了鲜明的对比。蓝色表现了科技的氛围，金色传达了价值和稳定性的感觉。素材中的图表使用了简化的几何形状，饼图和柱状图等元素能表现出金融主题。

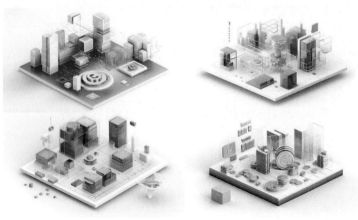

从生成的图中挑选出满意的素材图，再添加能体现产品特点的主标题和说明文案，将这些元素组合到一起进行排版，一个金融产品的海报图就设计完成了，设计效果如下图所示。

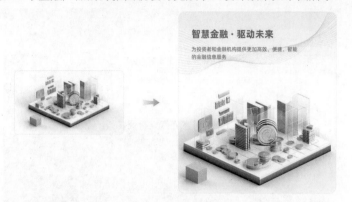

海报图设计完成后，接下来就需要将设计图应用到登录页中。登录页采用左右布局的排版方式，将设计好的金融产品海报图放在左侧，右侧为登录框区域，包含登录表单、登录按钮等必备的控件。最后将登录页的主题色统一调整为蓝色，一个带有科技属性的金融产品登录页就设计完成了，效果如下图所示。

这种设计风格适合需要展现专业性、前瞻性和创新性的B端产品。除了金融产品外，数据分析和数据平台等专注于数据可视化分析的产品也可以用这种设计风格，以便更好地展现产品的核心能力。

最后，通过对比上面两个登录页的设计能发现，灵活借助Midjourney进行出图，同一个主题下也能产生多种风格的设计图，鼓励大家在实际的工作中也能积极探索出更多的可能性。

案例二：B端安全产品登录页设计

接下来以一个B端安全产品的登录页为例，继续通过实操案例来讲解如何结合Midjourney来进行出图和设计。本次B端安全产品的登录页设计要求是以蓝白色为主色调，采用极简主义风格，传递出一种高科技、专业化和现代化的理念。

在出图前，首先按照"主体描述+风格设定+图像参数"的描述词结构，梳理需要用到的文本描述如下：

主体描述部分，以网络安全为主题，采用圆形的场景构图，体现数据计算、数字渲染、计算机等概念；

风格设定部分，构图上采用等距视图，材质上选择蓝白色光滑的质感，白色背景等；

图像参数部分，使用C4D渲染，虚幻引擎等能生成3D效果的通用描述，比例上选择16:9的横版尺寸。

整理得到的文本描述为：

cyber security, circular shapes, data calculation, digitally rendered Computer, Isometric, in the style of blue and white glaze, white background, rendered in cinema4d, unreal engine 5 --ar 16:9

将上述文本描述复制到Midjourney中进行多次出图，生成的效果如下图所示。生成的素材图采用了三维的场景，场景中包含了许多科技元素，例如屏幕、图表和数据流，这些元素都传达了以技术为核心的产品定位。图片采用了简洁的蓝白色调，营造出一种高科技感。虽然整体上看起来很简洁，但每个场景都有着很精细的处理。

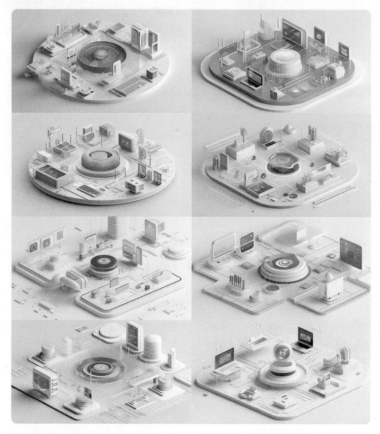

从生成的素材图中挑选出符合要求的图。因为图中体现了很多元素和细节，将素材图应用到登录页前，可以先对挑选好的素材图进行二次处理，例如去除图中不必要的线条、杂乱的元素，突出展示画面的重点元素。

处理后的素材效果如下图所示，没有了干扰线条或元素，整个图看起来更加干净、简洁。

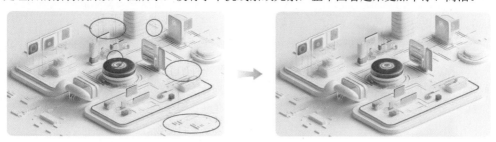

素材图二次处理完成后，将处理好的图导入登录页中进行设计排版。采用左右布局的排版方式，将素材图放在登录页的左侧，作为页面的主视觉区域。将登录表单和登录按钮以卡片的形式组合到一起，放到登录页的左侧。最后调整登录页整体的颜色，确保颜色统一和协调，一个B端安全产品的登录页就设计完成了，设计效果如下图所示。

这种风格的登录页设计，除了表现网络安全的主题外，还适用于强调创新和效率的企业级软件，如云平台服务、企业数据管理系统，或者需要处理大量数据和复杂操作的技术产品。通过这种视觉表现风格，能在第一时间向用户展示产品的技术领先性，以及专业可靠的形象。

5.2.3　深色科技场景B端登录面

除了浅色的设计风格外，很多B端产品还会采用深色模式来凸显产品的科技感和未来感。深色UI设计又被称为深色模式，强调深色背景和浅色前景。在macOS发布深色模式后，各个产品深色模式的设计开始逐渐流行起来。接下来以一个B端人工智能平台的深色风格登录页设计为例，展开讲解深色效果的登录页如何进行出图设计。

首先按照"主体描述+风格设定+图像参数"的描述词结构，梳理需要用到的文本描述如下：

主体描述部分，以人工智能为主题体现科技感，颜色上采用暗色调，灰色和蓝色搭配使用；

风格设定部分，构图上采用等距视图UI设计，碎片化的场景，体现科技美学、抽象的主图概念；

图像参数部分，使用cinema4d渲染，图像分辨率为8K、高清，出图比例选择16:9的横版尺寸。

整理得到的文本描述为：

artificial intelligence, Scientific and technological sense, the isometric design of the ui, in the dark style, gray and blue, rendered in cinema4d, fragmented icons, machine aesthetics, monochromatic abstraction, 8K resolution, high definition --ar 16:9

将文本描述复制到Midjourney中进行出图，生成的效果如下图所示。图片中显示的电子设备和电路板等元素体现了科技属性，传达出产品对数据处理、算法优化等方面的高度专业性和技术实力，能够增强用户对产品的信任感。图中复杂的细节和密集的元件传达了一种专业、精密和高度技术化的理念，非常适合作为B端人工智能登录页的背景图。生成的图中包含了多种角度，给人一种全方位观察产品内部结构的视觉体验。这种展示方式可以增加用户对产品的好奇心和探索欲。

从生成的图中挑选出一张最符合要求的素材图，导入登录页中进行设计排版。将素材图中的一部分画面填充到登录页的左侧，再将产品的主题理念等文字信息加到图中。由于素材图的颜色比较深，而且图中的细节很丰富，在设计登录框的时候可以采用更简洁的样式，例如将登录表单、登录按钮统一设计成浅色的线框形式，让两者形成对比，从而清晰地引导用户进行登录操作。最终的登录页设计排版如下图所示。

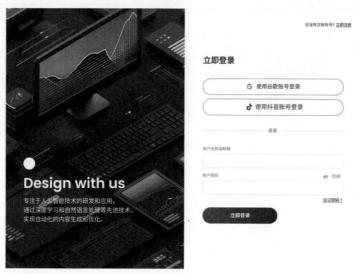

深色科技风格的登录页设计，除了用在人工智能相关的产品外，还适合应用到一些需要强调技术专业性、高精度和前沿性的B端产品中。例如用在需要展示产品专业性和技术实力的电子制造和半导体产品，用在需要强调产品的高科技含量和推动工业发展作用的工业自动化和机器人产品中。

5.2.4　数字城市场景B端登录页

随着人工智能技术的升级，数字城市的推进和建设跨入了新的发展阶段，B端数字城市运营管理相关的产品设计需求也越来越多。这里围绕数字城市为主题，分享三种不同效果的登录页设计案例，讲解如何通过调整文本描述，例如描述视角、描述风格等，利用Midjourney分别生成主题一致、但视觉效果各不相同的登录页素材图。

案例一：极简风格数字城市登录页

第一个出图案例是极简风格的数字城市素材图，要求简洁、干净，体现科技感和数字化。根据出图要求，按照"主体描述+风格设定+图像参数"的描述词结构，梳理需要用到的文本描述如下：

主体描述部分，以数字城市为主题，体现人工智能，采用蓝色和白色的颜色搭配；

风格设定部分，构图采用等距视图UI设计，采用白色背景；

图像参数部分，采用cinema4d中渲染，图片参数采用8K分辨率、高清的效果，出图比例采用16:9的横版尺寸。

整理得到的文本描述为：

Digital city, artificial intelligence, the isometric design of the ui, White and blue, rendered in cinema4d, white background, machine aesthetics, monochromatic abstraction, 8K resolution, high definition --ar 16:9

生成的素材图效果如下图所示。整个场景被淡蓝色调所覆盖，给人一种科技、清新、宽广的感觉。虽然场景中有大量的建筑物，但整体设计却显得很简洁，没有过多的装饰和冗余的元素，突出了最主要的元素。画面的视觉效果很清晰，各个元素之间的层次感和空间感得到了很好的展现，使用户能够轻松理解并感受到数字城市的魅力。

从生成的图中挑选出合适的素材图，填充到整个登录页中作为背景图使用，考虑到素材图的颜色偏浅，可以再添加一个半透明的灰色蒙层，增加背景图的层次感，也方便在背景图上进行设计扩展。将产品的logo、名称、slogan和说明文案组合到一起，放到背景图的左侧进行设计排版，充分利用背景图的空间来表达产品理念。

其次，为了能让用户更聚焦于登录注册的操作，可以将登录面板的高度适当拉高，使其悬浮在背景层的上面，这样既能与背景形成对比效果，还能清晰地展示登录信息，更有利于用户浏览和使用。最后将登录面板、文案信息和背景层三部分组合到一起，一个极简风格的数字城市登录页就设计完成了，效果如下图所示。

案例二：未来风格数字城市登录页

第二个案例是一个未来风格的数字城市场景，要求通过建筑线条和几何形状，构建出一个充满科技感和现代感的城市景观。

按照"主体描述+风格设定+图像参数"的描述词结构，梳理需要用到的文本描述如下：

主体描述部分，以城市现代建筑为主体，使用球形建筑体现未来感，采用蓝色和白色的颜色搭配；

风格设定部分，构图上采用等距视图设计，极简风格，体现简洁性和未来感，采用白色背景；

图像参数部分，出图视角上采用微距镜头，渲染参数上使用cinema4d中渲染、3D可视化风格，出图比例采用16:9的横版尺寸。

整理得到的文本描述为：

urban modern buildings, spherical sculptures, macro lens, isometric architecture style city structure design, architectural, white and blue, precise, minimalist style, Brevity, white background, rendered in cinema4d, 3D visualization style, C4D model --ar 16:9

生成的图片效果如下图所示。在画面的中心位置是一个充满未来感的建筑，结构简洁而大气，作为视觉焦点吸引用户的注意力。在中心建筑周围有各种形状和大小的建筑物，这些建筑物不仅具有独特的造型和风格，还体现出数字城市在建筑设计上的多样性和创新性。

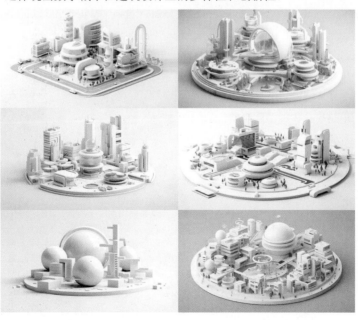

挑选合适的素材图导入登录页中进行排版。首先，将素材图放在右侧作为主视觉，并为素材图添加一个不规则的背景。其次，将平台slogan和登录控件组合后放到登录页的左侧。最后，将登录页的背景变为白色，与城市的现代感相呼应。调整登录页内每个元素的布局，未来风格的数字城市登录页就完成了，效果如下图所示。

案例三：抽象风格数字城市登录页

第三个案例是一个远眺视角的数字城市场景，在风格上需要更加独特和抽象，展示一个完全数字化的世界，所有城市元素都以数字化的形式存在，传达出数字城市的概念，与上面介绍的两种风格有明显的区分。

我们继续按照"主体描述+风格设定+图像参数"的描述词结构，梳理需要用到的文本描述：

主体描述部分，以城市建筑为主体，体现大数据主题，建筑颜色采用蓝色磨砂效果，整体使用磨砂建筑、白色透明质感的描述；

风格设定部分，采用3D设计风格，构图上采用等距视图，体现光影和大量的细节等描述；图像参数部分，视角上采用全屏、远眺、超广角等描述，渲染效果上使用c4d、ue5，出图比例采用16:9的横版尺寸。

为了能让生成的图片风格更独特，这里将风格化参数调整为了1000，最终整理得到的文本描述为：

blue city buildings scene, big data, blue gradient frosted glass, frosted glass buildings, intensive white transparent technology sense, full screen, overlook, super wide angle, isometric, light and shadow, industrial machinery, high detail, 3d, c4d, ue5 --ar 16:9 --s 1000

生成的图片效果如右图所示。整个城市景观充满了未来感，高楼大厦的远眺视角和独特设计，像是发光的电路板，体现了数字城市的高科技特性。从图片氛围上来看，错落的城市建筑复杂而有序，蓝色和橙色的对比增加了城市的活力和动感，不仅营造出了科幻的氛围，也增加了画面的层次感和立体感。

从生成的图中挑选出合适的素材图，填充到整个登录页中作为背景图使用。在背景图的基础上，再添加上平台名称、核心理念、登录框等元素，放到背景图的中间进行居中排版设计。为了能让登录页的效果更加风格化，在设

计过程中可以添加一个背景模糊的半透明效果，这样既能增加背景的科技感，也有利于文字内容的展示。最后将登录面板和背景层水平居中，一个科幻风格的数字城市登录页就设计完成了，效果如下图所示。

以上三种不同效果的登录页设计案例，从简洁到复杂，展示了对数字城市这个主题不同角度的视觉表现。在实际工作中，我们也可以借助AI工具，对同一个设计需求进行多个角度、多种风格的探索和设计，利用最少的时间成本得到更多的方案可能性。

5.3　B端图标设计

B端用户群体通常是企业中的员工、管理人员等，他们的使用场景和使用目的相对固定，因此B端图标设计需要简洁明了，能够迅速传达出功能或信息的核心含义，确保用户能够快速识别和理解。

在设计B端图标时，需要注意以下几方面的特点。

专业性：B端图标通常用于工具类产品中，用来帮助用户展示特定的任务，因此更需要直观地传达功能。专业性在设计中体现为清晰和简洁，避免不必要的装饰性元素。

一致性：B端产品的形象通常更加稳重，因此图标设计也需要体现出这种理性严谨的风格，以确保图标与品牌形象保持一致，方便用户在使用不同功能或浏览不同页面时，能够轻松识别和理解图标的含义。

复用性：B端系统会有很多相似的组件可以共用，因此图标设计也需要考虑到扩展性和复用性。设计师在项目前期需要做好图标的规范和统一管理，以便后期能够快速调用和修改图标，提高设计效率。

准确性：B端图标需要准确传达功能或信息的含义，避免出现歧义或误导用户的情况。设计师需要仔细研究产品的功能和用户需求，选择表意准确的图标，确保用户能够正确理解图标的含义。

这些特点共同确保了B端图标不仅是在视觉上吸引用户，更重要的是能够在为用户提供良好使用体验的前提下，有效地服务于商业目标和用户需求。

5.3.1　三种图标生成方法

了解完B端图标的基本特点后，接下来就可以整理文本描述来尝试生成图标素材。在利用Midjourney生成B端图标的过程中，可以灵活使用多种出图指令和出图方法，本节将通过设计实操来讲解三种常用的图标生成方法：文生图、垫图+文生图、图生图。

这里我们以B端产品中常见的3D磨砂玻璃图标为例，讲解如何利用三种不同的出图方法来生成统一风格类型的图标，探索图标设计的多种可能性。

方法一：文生图

第一种方法是文生图，使用Midjourney中的/imagine指令，输入文本描述来进行出图。接下来以3D磨砂玻璃风格的礼物图标为例，展开讲解具体的文生图过程。

首先在设计素材网站中收集一些3D磨砂玻璃风格对应的参考图，分析这些图的风格和特点。

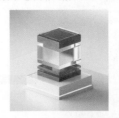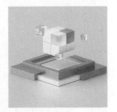

通过分析设计参考图，总结出3D磨砂玻璃风格设计图的特点如下。

颜色处理：使用柔和的蓝色调，营造出一种清新和科技感的氛围，同时蓝色通常与技术和专业性相关联，这与B端产品的定位相匹配。

光影处理：磨砂玻璃质感设计图的内部和周边的光影处理非常精细，特别是物体的边缘部分。这样的光影处理不仅增强了图标的三维感，也让设计图看起来更加真实。

细节处理：设计图的质感细腻。磨砂的效果有一种半透明的感觉，增强了图标的质感。这样的效果不仅能展现更多设计细节，还能很好地融入多种背景中。

接下来按照"主体描述+风格设定+图像参数"的描述词结构，逐步整理出来需要用到的文本描述。整理得到的文本描述表格如下所示。

主体描述		风格设定		图像参数	
主体	3D礼物图标	风格描述	3D风格、数据可视化风格	图片质量	丰富的细节、8K
颜色	蓝色磨砂玻璃	画面视角	等距视图	渲染参数	工作室照明、OC渲染
质感	白色亚克力材质、透明质感	参考风格	blender、C4D	模型	--v 6

根据整理得到的完整文本描述如下：

3D gift icon, isometric icon, blue frosted, glass white acrylic material, white background, transparent technology sense, in the style of data visualization, studio lighting, blender, Oc renderer, C4D, high details, 8k --v 6.0

使用/imagine指令，将文本描述复制到Midjourney中进行出图操作，生成的礼物图标效果如下图所示。

通过文生图方法得到的图标风格比较简洁、现代。礼物图标呈现出一种半透明的效果，符合文本描述中的磨砂玻璃质感和亚克力材质。尽管图标中有大量的纹理和细节，但在出图过程中进行了图标化的处理，所以整体上看仍然简洁明了，易于识别和记忆。

方法二: 垫图+文生图

第二个方法是使用垫图+文生图相结合的操作方式。先找好对应的图标参考图，把参考图上传到Midjourney中作为垫图，获取参考图的链接，然后再使用文生图的方法，输入/imagine指令，将参考图的链接和文本描述一起放到Midjourney中进行出图。

在出图过程中加入垫图，能够让生成的图标效果更可控，更快速地得到符合预期的图。接下来仍然以3D磨砂玻璃风格的礼物图标为例，采用垫图+文生图的方法进行操作出图。

第一步，垫图。

首先，通过设计网站找一些符合这种风格要求的参考图，把参考图上传到Midjourney中。Midjourney对图片的识别权重会高于对文本描述的识别，因此在搜集设计参考图的过程中，需要从参考图的颜色、质感、材质等多方面来对比挑选，确保上传到Midjourney中的参考图和想生成的风格是特别相似的。其次，参考图要尽可能高清。因为Midjourney会根据上传图片的质量来生成对应的清晰度，如果上传的图片比较模糊，那么生成的图片也会很模糊。

按照这些要求，选择的三张参考图如下图所示。三张图都是同一角度的3D磨砂玻璃风格的礼物图标，而且颜色比较相近，这样Midjourney生成的图标效果也会更可控。

设计参考图挑选完成后，将参考图上传到Midjourney中，右击上传好的参考图，获取图片的地址。

第二步，写文本描述。

垫图链接获取后，接下来就需要对图标进行文本描述。由于我们在上面的文生图设计案例中，已经按照"主体描述+风格设定+图像参数"的描述词结构，将3D磨砂玻璃风格的礼物图标的文本描述整理好了，如果想生成同样风格的图标，这里可以直接复用整理好的文本描述:

3D gift icon, isometric icon, blue frosted glass, white acrylic material, white background, transparent technology sense, in the style of data visualization, studio lighting, blender, Oc renderer, C4D, high details, 8k --v 6.0

如果想让生成的图标看起来更像参考图，还可以在文本描述中加上iw 2。

第三步，AI出图。

垫图链接和文本描述全部获取后，在Midjourney中输入/imagine指令，将垫图链接和文本描述一起复制到输入框中，进行出图操作。多刷新几次后，通过垫图生成的礼物图标效果如下图所示。

通过垫图+文生图生成的图标和采用文生图直接生成的图标风格和效果都很相似，两种礼物图标都采用了蓝色的主题色调和相似的蝴蝶结装饰。

方法三：图生图

第三种方法是使用图生图（融图），这种操作方式会比前两种更简单，使用/blend指令，将参考图依次上传到Midjourney中，不需要文本描述就能直接出图。接下来仍以3D磨砂玻璃风格的礼物图标为例，采用图生图的方法进行实操出图。

图生图方法中最关键的要素就是参考图的质量。在前期寻找参考图的过程中，至少要找两张风格相似的参考图，参考图的清晰度越高越好，并且最好有相似的形状、质感和角度，这样通过图生图方法生成的图标会更趋向于参考图，生成的效果也更可控。

将图标参考图上传到Midjourney前，最好将参考图中的文字、装饰等元素去除掉，使用纯色的背景，只保留图标元素，这样在进行融图的时候才能保证不受其他元素的干扰，更加可控地进行出图。

参考图处理完成后，接下来在Midjourney中输入/blend指令，会弹出图片上传框，将准备好的参考图依次单击上传至弹框中，上传之后的效果如下图所示，单击右上角的删除按钮可以删除已经上传好的参考图。

两张参考图上传完成后，按Enter键，Midjourney就开始进行融图操作了，出图过程中可以单击刷新按钮多生成一些效果图。融图生成的礼物图标效果如下图所示。

通过融图指令生成的每组图标效果看起来更加统一，其质感和风格都与参考图的效果高度相似。

利用文生图、垫图+文生图、图生图三种方法，我们依次得到了三组风格类似的礼物图标素材，接下来从这三组素材中依次挑选出造型、风格比较统一的图标进行放大处理，挑选出的三种图标效果如下图所示。

文生图　　　　　　　　垫图+文生图　　　　　　　　图生图

这三个礼物图标虽然用了三种不同的生成方法，但整体的效果都很不错。既然使用图生图的操作方法这么简单，那么是不是就不需要使用文生图或者垫图这些操作比较复杂的出图方法了呢？

其实不然，采用图生图的方法不容易控制出图的效果，而且过于依赖参考图的质量，如果上传了风格不明显或者形状不规则的图，那么在融图过程中Midjourney很有可能会识别不出来，导致出图效果始终不理想。而文生图和垫图这两种出图方法，不会过度依赖参考图的效果，所以在出图过程中就会有更大的操作空间。因此在实际工作中，我们需要根据项目的紧急程度、设计要求、出图数量等多个方面综合考量，选取最适合这个项目的出图方法，最大化地提升工作效率。

图标生成后，接下来开始对图标进行设计排版。首先把使用文生图方法生成的图标导入设计软件中进行排版，采用左文右图的布局，添加上主标题、副标题和操作按钮等元素，一个B端banner海报图就设计完成了，效果如下图所示。

按照同样的版式布局，依次把垫图+文生图、图生图两个方法得到的礼物图标导入banner中进行排版，banner设计效果如下图所示。

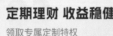

在时间充足的情况下，建议使用垫图+文生图的方法来生成图标，通过垫图能确保生成的图标质感更符合要求，而文字描述则让出图结果更容易控制。

5.3.2　玻璃风格图标

在上一节中，我们以3D磨砂玻璃风格的礼物图标设计为例，对比讲解了三种不同的出图方法，这样更方便大家跟着进行出图学习和操作。但在实际工作中，我们往往需要的是一整套风格一致的图标，用在整个产品或页面设计中。这样既能保持页面风格的统一，也有助于强化产品的特点，为用户带来更好的体验。

案例一：智慧健身平台

下面以一个B端智慧健身平台设计为例，借助Midjourney生成一套3D磨砂玻璃风格的健身图标，以此来强化平台的科技属性。

根据本次的需求，选择一些常用的健身器材作为切入点，这样既容易传达出健身的主题，用户理解起来也会更容易。在借助Midjourney生成图标时，尽量使用一些具体的物品文本描述，如耳机、哑铃等。避免使用抽象的描述词，如运动姿势、锻炼计划等。

首先以健身平台中的耳机图标为例，整理需要用到的文本描述。具体操作方式是在上一节3D磨砂玻璃风格的礼物图标文本描述基础上，将主体描述中的礼物（Gift）替换为耳机（Headset），替换后得到的文本描述为：

Headset icon, isometric icon, blue frosted glass, white acrylic material, white background, transparent technology sense, in the style of data visualization, studio lighting, blender, Oc renderer, C4D, high details, 8k --v 6.0

为了让生成的图标效果更可控，本次出图采用垫图+文生图相结合的方式进行。首先整理一些3D玻璃风格的耳机图标作为参考，如下图所示，并将这些垫图上传到Midjourney中获取参考图的链接。

将耳机垫图链接和整理好的文本描述复制到Midjourney中进行出图，生成的耳机图标效果如下图所示。

为了能让生成的图标更方便地运用到页面中，使用去背景软件将挑选好的耳机图标进行去背景操作，得到一个灵活可用的耳机图标素材。

AI出图　　　　　　　　　　　　　　　　效果图

接下来继续生成其他健身主题的图标，由于需要生成一整套 B 端健身图标，因此可以在上面整理好的文本描述基础上，修改主体描述部分的耳机（Headset）和垫图这两部分内容，确保生成的图标风格统一。将文本描述中的耳机（Headset），分别替换为哑铃（Dumbbell）、泳镜（Swimming goggles）、拳击手套（Boxing gloves）、滑板（Skateboard）、跳绳（Skipping rope）等健身器材。

主体描述部分调整后，还需要对每个图标的参考垫图进行搜集和整理。针对不同的图标主体，在设计网站搜集一些风格、形状类似的参考图，参考图的质量尽量保持高清。完成了上述操作后，采用垫图+文生图的方法依次进行出图。

所有主题的图标全部生成后，对它们进行筛选和调整，挑选出风格、质感比较统一的图标进行去除背景、调色等处理。最终整理得到的一整套 B 端健身图标效果如下图所示。

图标生成后，接下来开始对图标进行设计排版。先以耳机图标为例，将图标导入设计软件中进行排版，采用左文右图的布局，再添加上健身相关的主标题、副标题等元素，一个 B 端健身平台的 banner 海报图就设计完成了，效果如下图所示。

按照同样的方法，依次把其他图标导入 banner 中进行排版，再替换上不同的主题文案。另外，banner 的设计除了采用左文右图的布局，还可以采用居中的布局，将图标放在中间，提升画面的冲击感。最后一套完整的 B 端健身平台 banner 宣传设计图就完成了，效果如下图所示。

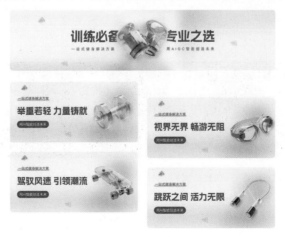

案例二：智慧物流平台

基于物流主题，在主体描述方面选择一些与物流紧密相关的元素，例如运输车、集装箱、齿轮、地球等，来明确清晰地表达主题。在图标效果方面，为了能突出物流的科技属性，并且与案例一中的健身图标有区分，本次的物流图标采用深色的效果。

首先以运输车图标为例，调整需要用到的文本描述。在3D磨砂玻璃图标的文本描述的基础上，将主体描述中的耳机（Headset）替换为运输车（Transporter），将白色背景（white background）修改为黑色背景（black background），修改后得到的文本描述为：

3D Transporter icon, blue frosted glass, white acrylic material, transparent technology sense, Black, background, studio lighting, octane rendering, high details 8k, C4D, blender

将文本描述复制到Midjourney中进行出图，生成的图标效果如下图所示。

从生成的图标能看到，在保留了磨砂玻璃风格的基础上，图标整体呈现出深色的效果，科技属性更强。接下来继续生成其他物流主题的图标，将文本描述中的运输车（Transporter），替换为行李推车（Trolley）、灯泡（Light bulb）、齿轮（Gear）、集装箱（Container）等物流元素。

先将主体描述替换为行李推车（Trolley），得到的文本描述为：

3D Trolley icon, blue frosted glass, white acrylic material, transparent technology sense, black background, studio lighting, octane rendering, high details 8k, C4D, blender

行李推车出图效果如下图所示。

将主体描述替换为灯泡（Light bulb），得到的文本描述为：

3D Light bulb icon, blue frosted glass, white acrylic material, transparent technology sense, Black, background, studio lighting, octane rendering, high details 8k, C4D, blender

灯泡出图效果如下图所示。

所有主题的图标全部生成之后，还需要对这些图标进行筛选和调整，分别挑选出效果最好的图标组成一套完整的B端物流图标。

图标生成后，继续生成一个六边形底座，与生成好的物流图标组合在一起使用，增强整套图标的科技属性。底座的文本描述可以复用图标的描述，只需要将主体描述中的耳机（Headset）替换为六边形底座（Hexagonal base），修改后得到的文本描述为：

3D Hexagonal base icon, blue frosted glass, white acrylic material, transparent technology sense, Black, background, studio lighting, octane rendering, high details 8k, C4D, blender

将文本描述复制到Midjourney中进行出图，生成的底座效果如下图所示。

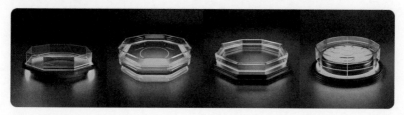

底座与物流图标的深色效果很吻合，但每个底座的透视角度存在细微的差别，这里就需要设计师仔细挑选，从生成的底座素材中挑选出效果最好、角度最合适的。为了让生成的底座能更灵活地与图标进行组合运用，底座挑选完成后，需要将底座的背景去除掉。

AI出图　　　　　　　　　　效果图

物流图标和底座全部生成之后，接下来需要把这些图标和底座依次组合到一起，采用图标在上、底座在下的组合方式。为了让组合后的效果看起来更融合，还可以添加环绕的装饰线和发光扩散效果。

在图标组合过程中，需要注意每个图标与底座的比例需要保持统一。有了统一的底座作为基准，整套物流图标看起来更加规范，用在页面中的效果也会更好。组合后的物流图标效果如下图所示。

物流图标组合完成后，为不同的图标添加对应的主题和说明，采用左文右图的布局，再添加上背景色，物流平台UI卡片就设计完成了，最终效果如下图所示。

除了为图标添加底座外，还可以把一些比较复杂的物流图标，如运输车、集装箱等，进行不同形式的扩展，如为图标加上主题文案，设计成两个明显的功能入口横幅卡片，快速吸引用户的注意力。

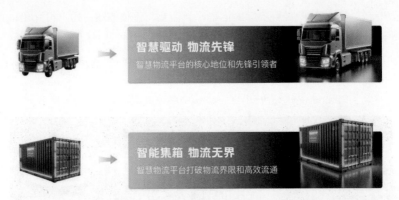

最后将设计好的UI卡片和入口横幅一起导入后台页面中进行设计排版，调整它们在页面中的大小比例和对齐方式，最后一个布局清晰、视觉效果良好的B端智慧物流平台页面就设计完成了，效果如下图所示。

5.3.3 黑金风格图标

在越来越成熟的商业环境中，许多B端产品希望塑造高端品牌形象或者服务于中高端市场，黑金风格的设计能够有效传达品牌的高端定位和专业服务能力。同时，客户在使用产品的过程中，往往期待更加成熟稳重的视觉体验，黑金风格满足了这种需求，能为用户提供一种视觉上的信赖感。

黑金风格图标主要使用黑色作为主色调，搭配金色元素或高光，营造出奢华、高端的视觉感受。金色往往以点缀形式出现，用于突出重要元素或交互点，适当的金色光泽或纹理处理能增添细节，提升图标整体的精致感。黑色与金色的对比非常强烈，这样的色彩搭配不仅吸引用户的注意力，还能有效地区分不同功能或信息的层级，使图标更加突出和易于识别。

黑金风格的图标因其高端、专业且具有视觉冲击力的特性，适合应用在B端金融理财类产品中，如银行、保险、投资等金融产品，强化信任感和专业性。与金融行业的气质相契合。此外，奢侈品与高端零售平台，如销售珠宝、名表、定制服饰的电商产品，黑金风格图标能够体现产品的奢华与独特，吸引目标消费群体。

本次的设计案例是一套B端金融产品的图标设计，采用黑色和金色的配色，目的是彰显出金融产品的安全、稳定及高端服务特性。根据设计需求，可以先在设计网站中调研搜集黑金风格的设计作品，如下图所示，从颜色、质感、造型等多方面分析作品的效果。

前期设计调研完成后，接下来还需要整理分析能体现金融主题的元素，例如图表、沙漏、钱包、银行等。根据分析的内容，下面先以黑金风格的条形图图标为例，展开讲解黑金风格图标的生成方法。

按照"主体描述+风格设定+图像参数"的描述词结构，整理出来需要用到的文本描述，表格如下所示。

主体描述		风格设定		图像参数	
主体	条形图图标	风格描述	3D风格、极简设计、黑色背景	图片质量	丰富的细节、8K
颜色	黑色、金色	画面视角	等距视图	渲染参数	工作室照明
质感	光泽度、平滑	参考风格	C4D	模型	--v 6.0

完整的文本描述为：

Bar chart icon, black, gold, black background, gloss, studio lighting, smoothness, isometric, 3D rendering, C4D, Minimalism, high detail, 8K --v 6.0

将文本描述复制到Midjourney中进行多次出图，生成的图标效果如下图所示。

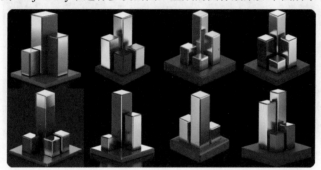

从生成的效果能看到，图标的黑金质感很突出，出图效果符合要求。接下来继续生成其他金融主题的图标，将文本描述中的条形图（Bar chart）替换为金字塔（Pyramid）、沙漏（Hourglass）、钱包（Money wallet）、钱袋（Money sack）、银行（Bank building）等金融元素。

先将主体描述替换为金字塔（Pyramid），得到的文本描述为：

Pyramid icon, black, gold, black background, gloss, studio lighting, smoothness, isometric, 3D rendering, C4D, Minimalism, high detail, 8K --v 6.0

金字塔出图效果如下图所示。

将主体描述替换为沙漏（Hourglass），得到的文本描述为：

Hourglass icon, black, gold, black background, gloss, studio lighting, smoothness, isometric, 3D rendering, C4D, Minimalism, high detail, 8K --v 6.0

沙漏出图效果如下图所示。

将主体描述替换为钱包（Money wallet），得到的文本描述为：

Money wallet icon, black, gold, black background, gloss, studio lighting, smoothness, isometric, 3D rendering, C4D, Minimalism, high detail, 8K --v 6.0

钱包出图效果如下图所示。

将主体描述替换为钱袋（Money sack），得到的文本描述为：

Money sack icon, black, gold, black background, gloss, studio lighting, smoothness, isometric, 3D rendering, C4D, Minimalism, high detail, 8K --v 6.0

钱袋出图效果如下图所示。

将主体描述替换为银行（Bank building），得到的文本描述为：

Bank building icon, black, gold, black background, gloss, studio lighting, smoothness, isometric, 3D rendering, C4D, Minimalism, high detail, 8K --v 6.0

银行出图效果如下图所示。

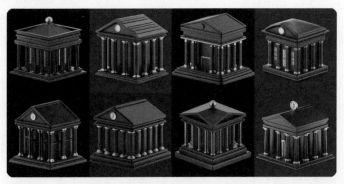

不同主题的图标依次生成之后，还需要对生成的图标进行筛选和调整，依次挑选出效果较好的图标组成一套完整的B端金融图标套图，如下图所示。

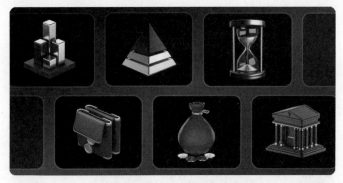

接下来继续为这些图标增加一个通用的底座。在B端产品中经常会看到图标和底座相结合的设计效果，为形状不规则的图标加上底座后，图标的视觉效果在页面中更立得住，而且整套图标看起来会更加规范和统一。

生成底座的时候要特别注意，底座的风格要与整组图标的风格保持一致。最简捷的方法是和图标共用一套文本描述，具体操作方法是在黑金风格图标描述的基础上，将其中的主体描述词条形图图标（Bar chart icon）替换为圆形底座（A round platform）。

替换后得到的底座文本描述为：

A round platform, black, gold, gloss, studio lighting, smoothness, isometric, 3D rendering, C4D, Minimalism, high detail, 8K --v 6.0

将文本描述复制到Midjourney中，生成的底座效果如下图所示。

由于使用了同一套文本描述，生成的底座在结构、质感和风格上与金融图标的效果非常贴近。金

融主题的图标和底座全部生成之后，接下来采用图标在上、底座在下的方式，将这些图标和底座依次组合到一起。为了让组合后的效果更好，可以在图标周围添加穿插环绕的装饰线和小元素，让组合的图标细节更丰富。组合后的沙漏图标效果如下图所示。

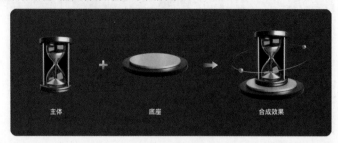

在图标组合过程中，需要注意每个图标与底座之间的比例，以及图标与线条之间的前后穿插关系，确保整套图标看起来统一规范。组合得到的整套金融主题黑金风格图标效果如下图所示。

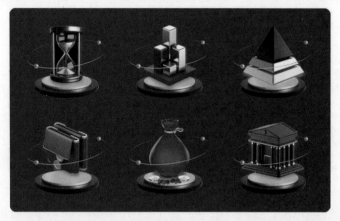

图标组合完成后，接下来将图标导入设计软件中进行排版，采用左文右图的布局，再添加上金融相关的主标题、副标题和操作按钮等元素，再将图标融入深色或浅色背景中，两个深浅对比效果的B端金融产品宣传海报图就设计完成了，效果如下图所示。

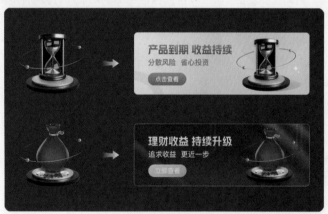

5.3.4 抽象风格图标

随着AIGC技术的发展，很多科技创新产品，如大数据分析、云计算服务、区块链等产品往往强调技术创新与前沿性，这种创新也体现在设计中。在这些产品和图标设计中，会融合抽象、科技感及色彩渐变的风格，与产品的科技属性相得益彰。而且随着越来越多的年轻人成为职场主力，他们对于设计的审美要求更高，偏好更具创意和个性化的视觉元素。这种风格恰好满足了新一代用户对新鲜感和视觉冲击力的需求。

接下来我们以一个AI智能平台为例，为这个智能平台设计一套带有科技属性的抽象风格图标，要求帮助平台在视觉上实现差异化，提升品牌辨识度的同时，还能传达出产品的创新性和技术含量。在出图前，整理分析能体现平台属性的抽象图形，例如立方体、螺旋体、菱形体等。

下面先以抽象风格的立方体图标为例，展开讲解抽象风格图标的生成方法。按照"主体描述+风格设定+图像参数"的描述词结构，整理出来需要用到的文本描述，表格如下所示。

主体描述		风格设定		图像参数	
主体	立方体图标	风格描述	极简设计	图片质量	高分辨率、超写实
颜色	蓝紫色渐变	画面背景	深色背景	渲染参数	3D渲染、OC渲染
质感	全息抽象	画面风格	去除阴影	模型	v 6.0

整理得到的完整文本描述为：

holographic icon of Cube, simple design, purple and blue gradient, dark background, no shadows, 3d render, octane render, high resolution, hyper realistic --v 6.0

为了能让出图风格更符合要求，可以找一些相似的参考图作为垫图，再将垫图链接和文本描述一起复制到Midjourney中进行出图，生成的图标效果如下图所示。

生成的立方体图标采用了简洁的结构来勾勒轮廓，立方体的每个面都呈现出一种半透明的效果，使得整个图标看起来更加轻盈和通透，颜色从紫色到蓝色的渐变，给人一种科技感和未来感。接下来继续生成其他抽象风格的图标，将文本描述中的立方体（Cube）替换为螺旋球体（Sphere spring on）、带有圆孔的立方体（Cube with three circular holes）、菱形体（Diamond-shaped）、楼梯（Stairs）、花瓣形状（Flower shape）等抽象元素。

先将主体描述替换为螺旋球体（Sphere spring on），得到的文本描述为：

holographic icon of Sphere spring on, simple design, purple and blue gradient, dark background, no shadows, 3d render, octane render, high resolution, hyper realistic --v 6.0

螺旋球体出图效果如下图所示。

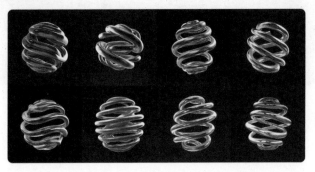

将主体描述替换为带有圆孔的立方体（Cube with three circular holes），得到的文本描述为：

holographic icon of Cube with three circular holes, simple design, purple and blue gradient, dark background, no shadows, 3d render, octane render, high resolution, hyper realistic --v 6.0

带有圆孔的立方体出图效果如下图所示。

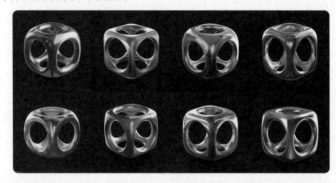

将主体描述替换为菱形体（Diamond-shaped），得到的文本描述为：

holographic icon of Diamond-shaped, simple design, purple and blue gradient, dark background, no shadows, 3d render, octane render, high resolution, hyper realistic --v 6.0

菱形体出图效果如下图所示。

将主体描述替换为楼梯（Stairs），得到的文本描述为：

holographic icon of Stairs, simple design, purple and blue gradient, dark background, no shadows, 3d render, octane render, high resolution, hyper realistic --v 6.0

楼梯出图效果如下图所示。

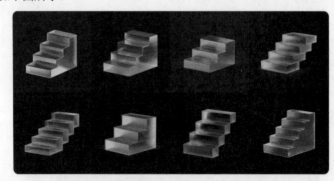

将主体描述替换为花瓣形状（Flower shape），得到的文本描述为：

holographic icon of Flower shape, simple design, purple and blue gradient, dark background, no shadows, 3d render, octane render, high resolution, hyper realistic --v 6.0

花瓣形状出图效果如下图所示。

所有主题的图标全部生成之后，对这些图标进行筛选和调整，挑选出风格、造型比较统一的图标，最终整理得到的一整套B端抽象图标，效果如下图所示。

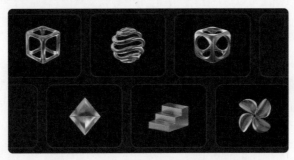

接下来将图标导入设计软件中进行排版，将图标放大后放在页面的中心位置，再添加一个深紫色的背景色，这种颜色给人一种神秘而高级的感觉，符合科技产品追求创新与前沿的形象定位。最后在保持主题统一的情况下，为每个图标添加对应的功能文案，共同组成一套风格统一的B端科技产品功能介绍图。设计图效果如下图所示。

5.4　B端背景设计

5.4.1　背景类型和应用场景

在B端产品设计中，背景设计类型的选择往往侧重于专业性、易用性和品牌一致性，旨在创造一个高效且舒适的用户体验。以下是常用到的背景类型。

1. 图形背景

在B端设计中，扁平化和极简主义风格尤为流行。这类设计避免使用过多的阴影、渐变和复杂的图案，转而采用清晰的线条、纯色块及简单的几何纹理形状，通过轻微的纹理或图形来增加界面的质感，营造出层次分明的视觉效果，使其看起来不那么单调。这样的背景能有效减少视觉噪音，帮助用户集中注意力于核心内容上。需要注意的是，纹理需谨慎使用，以免造成视觉杂乱。

2. 彩色背景

色彩在B端设计中扮演着重要的角色，背景图的色彩选择倾向于使用柔和、中性或与品牌色彩相协调的色调，以营造专业且舒适的浏览效果。其中纯色背景是最为常见和直接的一种背景图类型，通常会选择品牌色或者中性色调，以确保界面的干净、专业，并减少视觉干扰。纯色背景有助于突出内容，使信息更加易于阅读和理解。除了纯色背景外，很多产品还会使用两种或多种颜色的平滑过渡，形成渐变色背景，在保持界面简洁的同时增添更多视觉层次。渐变背景通常用于表达产品的柔和感和舒适感，强调产品的情感价值和用户体验。

3. 抽象背景

以抽象的图形、线条和色彩为背景，营造出一种科技感和创意性。抽象背景通常用于表达产品的个性和创意性。抽象背景图通常以深色主题为主，不仅有利于减少长时间使用的视觉疲劳，也能适应不同环境下，尤其是在低光环境下的使用需求。

4. 模糊背景

将模糊处理的图片或颜色层作为背景，在保留一定视觉元素的同时，不干扰前台内容的可读性。这种类型的背景常用于需要展现上下文信息而又不希望过于突兀的场景。或者在图片或其他复杂背景上叠加半透明的模糊图层，有效平衡视觉丰富性和信息的可读性，确保内容在任何背景下都能清晰展示。

5. 数据可视化背景

在B端产品中有很多与数据相关的界面，如数据可视化后台、数据驾驶舱等，背景可能会直接采用数据可视化元素，如图表、曲线图等，既作为背景装饰，也直接关联到功能内容。

综上所述，这些背景图类型可以单独使用或组合使用，以呈现不同类型的B端产品的特点。在实际设计中，应根据产品的定位和目标受众的需求选择合适的背景图，确保设计服务于产品功能和用户体验，而不是独立存在的装饰。

B端产品中背景图的使用相对克制，主要目的是保持界面专业性和效率，同时提升视觉体验和品牌传达。以下是常用到背景图的场景。

1）登录页

登录页是产品与用户交互的第一个环节，也是背景图运用较多的地方，可以通过高质量的背景图设计来增强第一印象，传达产品特色并提高登录效率。

2）主页或仪表盘

作为产品的主要入口，主页或仪表盘有时会使用背景图来增加视觉效果，但这些背景通常是模糊的或带有半透明蒙层，确保不会干扰到数据或关键信息的显示。

3）模块页

在B端系统的列表、卡片或组件内部，会使用轻微纹理或图案作为背景，以区分不同的内容区域，增强视觉层次感，同时保持整体界面的统一性。

4）报告页

在数据报告、分析或统计结果展示页面，会用到与数据相关联的图表或图形作为背景元素，强化数据的可视化表达，同时保持界面的专业感。

5）个性化设置

部分B端产品允许用户自定义页面的外观，如切换主题颜色、替换背景图等。这种情况下，背景图设计需要提供一系列符合企业氛围的选择，让产品在保持专业性的前提下为用户带来个性化的体验。

总体来说，B端产品设计中的背景图运用需谨慎，确保背景设计在不会干扰核心功能的展示和用户体验的前提下，有效提升产品的整体视觉效果和品牌感知。

分析完背景图的类型和应用场景后，接下来我们选取图形背景、彩色背景、抽象背景这三种类型分别进行出图操作示例，展开讲解如何借助Midjourney来生成不同类型的背景图。

5.4.2　几何图形背景

在B端产品设计中，几何图形背景有以下几种常见的效果。

毛玻璃效果：使背景既有一定的深度感又不会过分抢眼，同时保持界面的干净和现代感。

渐变效果：通过颜色的平滑过渡，渐变背景可以营造出深度感和动态效果，适用于需要展现数据变化的界面。渐变颜色通常与品牌色相结合，保持视觉统一。

低多边形（Low Poly）效果：将复杂的图像简化为由多个小多边形构成的几何图案，形成一种抽象而现代的视觉效果。这种风格既保持了图形的简洁性，又增添了细节和趣味性。

线条/点阵效果：利用直线、曲线或网格图案作为背景，引导用户的视觉流向，使界面看起来更加有序和结构化。或者通过规律分布的点状元素构成背景，可以创造出丰富的纹理感，同时保持简洁不张扬。

了解完几何图形背景的常见效果后，下面先以毛玻璃效果的几何图形背景为例，采用具有立体感的等距背景设计，展示产品的现代感和未来感。根据上述要求，按照"主体描述+风格设定+图像参数"的描述词结构，梳理需要用到的文本描述如下。

主体描述部分，体现等距立方体，浅灰色和白色，抽象结构，建筑设计等描述；

风格设定部分，采用平面几何艺术，白色磨砂玻璃，浅蓝色材料，白色背景，透明技术感，数据可视化风格等描述；

图像参数部分，采用工作室照明，C4D，OC渲染，UE5渲染等通用描述。

最后加上16:9的横版比例，方便生成的背景图应用到B端产品中。

整理得到的文本描述为：

Isometric cube, light gray and white, construction design, flat geometric art, white frosted glass, light blue acrylic material, white background, transparent technology sense, data visualization style, studio lighting, C4D, blender, octane rendering, in the style of unreal engine 5, abstract structures --ar 16:9

将文本描述复制到Midjourney中进行出图，生成的效果如下图所示。生成的背景图以立方体作为基本的几何形状，具有简洁、明了的特性。蓝色玻璃立方体的设计给人科技感十足的视觉感受，立方体的透明度和毛玻璃效果的引入，增强了图像的深度和层次感，使得整个背景图更加吸引人。通过几何形状和毛玻璃效果的组合，传递出了一种科技感和专业性，使得用户对产品产生了初步的好感和信任。

从生成的背景图中挑选出效果较好的图进行下一步的设计应用。在设计排版时，可以对背景图进行灵活调整，例如调整背景图的旋转角度、裁剪背景图的比例、调整背景图的颜色等，让背景图更好地融入产品设计中。最后添加上主题文案、说明信息等元素，一个背景图的排版就完成了，效果如下图所示。

接下来再以一个低多边形的几何图形背景为例，采用渐变效果，展示产品的细节和个性化。按照"主体描述+风格设定+图像参数"的描述词结构，梳理需要用到的文本描述如下。

主体描述部分，采用角度渐变，蓝色和红色的渐变效果，网格化结构等描述；

风格设定部分，采用抽象风格，扭曲视角，线条雕刻等描述；

图像参数部分，采用16:9的横版比例。

整理得到的文本描述为：

Angular gradient background art pixel art, abstract background, grid structure style, data visualization, dark blue and pink, twisted perspective, sculpted lines, free flowing line style --ar 16:9

将文本描述复制到Midjourney中进行出图，生成的渐变图形背景效果如下图所示。低多边形的设计效果适合用在现代的页面设计中，简洁而不失创意，能够给用户带来一种未来感和科技感，与B端产品的专业、高效气质相符。低多边形和渐变效果的结合能增强图像的层次感，为产品带来一种独特的视觉风格，不仅能够吸引用户的关注，还能够提升产品的竞争力。

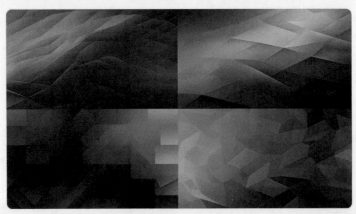

从生成的背景图中挑选出效果较好的图进行下一步的设计应用。在设计排版时，对背景图进行适当拉伸放大、角度放大和尺寸裁剪，再添加上主题文案、说明信息等元素，一个低多边形渐变效果的背景图排版就完成了，效果如下图所示。

几何图形风格的背景因其独特的视觉特点和广泛的可塑性，适合应用于多种类型的B端产品中，尤其是那些追求现代、专业、高效形象的行业，例如科技与软件行业、设计与创意产业等。

在进行几何图形背景设计时，可以根据具体行业的特性和产品调性进行调整，如选择不同的颜色、形状组合和复杂度来匹配不同的应用场景。例如，科技行业可能偏好冷色调和简约的几何形状，而创意行业则可能倾向于多彩和富有创意的不规则图形。此外，几何图形也常用于数据可视化中，帮助直观展示复杂信息，因此数据分析相关的B端产品也是其适用领域。

5.4.3　流体渐变背景

在B端产品设计中，流体渐变风格的背景图能够为原本单调的界面增添视觉吸引力和现代感，以下是几种常见的流体渐变背景效果。

采用浅色或透明度渐变，营造出轻盈、透气的感觉，既美观又不会干扰界面上的主要内容；

模拟液体流动的形态，通过多色或双色之间的不规则边界混合，形成动感且富有变化的渐变效果；

通过多层次的颜色渐变，结合光影效果，营造出立体感和深度，使得界面看起来更加丰富和有质感。

接下来以流体渐变的背景为例，讲解具体的出图过程。首先按照"主体描述+风格设定+图像参数"的描述词结构，梳理需要用到的文本描述如下。

主体描述部分，采用渐变背景、彩色、流动的形式等描述；

风格设定部分，采用渲染，时尚风格，柔和的氛围，蜿蜒的线条等描述；

图像参数部分，采用16:9的横版比例。

整理得到的文本描述为：

Gradient background, colored, flowing form, rendering, fashionable, soft and dreamy atmosphere, winding lines --ar 16:9

将文本描述复制到Midjourney中进行出图，生成的流体渐变背景效果如下图所示。这种流体渐变风格的背景图具有很强的适应性，颜色的过渡带来了一种动态、流动的视觉感受。无论是用于产品界面的背景还是页面过渡效果，都能够与其他元素和谐融合，营造出统一、协调的视觉效果。

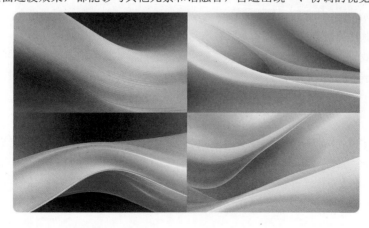

为了让背景图的流体渐变效果更突出，可以继续添加一些风格化的文本描述，例如在渐变背景的基础上添加液态效果（liquid foil），再添加蓝色和紫色的效果（blue and purple），为了能让生成的背景图艺术感更强，可以加大风格化参数的数值，最后整理得到的进阶文本描述为：

Liquid foil gradient background of blue and purple, colored, flowing form, rendering, fashionable, soft and dreamy atmosphere, winding lines --ar 16:9 --s 250

将文本描述复制到Midjourney中继续出图，生成的液态流体背景图效果如下图所示。整个背景图有一种流动性与动态感，流体效果更突出。蓝红色的渐变组合使得背景图的设计既现代又富有动感。

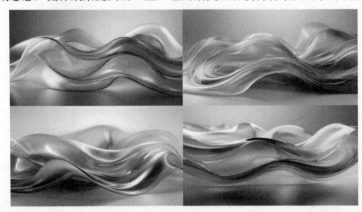

从生成的背景图中挑选出效果较好的图进行下一步的设计应用。在设计排版时，对背景图进行适当拉伸放大和裁剪，再添加上主题文案、说明信息等元素，一个流体渐变效果的背景图排版就完成了，效果如下图所示。

5.4.4　抽象粒子背景

在B端产品设计中，抽象粒子背景设计通过使用几何形状、点、线、面的组合，创造出富有科技感、动态感和创意性的视觉效果，以下是几种常见的抽象粒子背景设计效果。

动态粒子流效果：模仿微观粒子的运动，使用动态的点、线构成流动或旋转的图案，营造出科技感、未来感的氛围。

立体光效粒子效果：通过光影和透视效果，使粒子呈现立体感，模拟光线穿透或反射，营造出空间深度。

色彩渐变粒子效果：将粒子与色彩渐变结合，每个粒子或粒子群拥有不同的颜色，形成渐变或对比强烈的视觉效果。

接下来我们为B端数据产品设计一个动态粒子效果的背景图，重点突出产品的科技属性。首先按照"主体描述+风格设定+图像参数"的描述词结构，梳理需要用到的文本描述如下。

主体描述部分，采用动态粒子、数字背景、蓝橙对比色等描述；

风格设定部分，采用抽象风格、技术等描述；

图像参数部分，采用8K的分辨率，16:9的横版比例。

整理得到的文本描述为：

dynamic particles, digital background, technology, abstract, blue and orange, 8K --ar 16:9

将文本描述复制到Midjourney中进行出图，生成的抽象粒子背景效果如下图所示。橙色代表活力和创新，蓝色则象征科技和专业，橙蓝色的对比在深蓝背景的衬托下非常醒目，能够迅速吸引用户的注意力。波浪线的设计增加了视觉动态感，同时也隐喻着数据的流动、信息的传递，这与B端产品的数据驱动特性相契合。

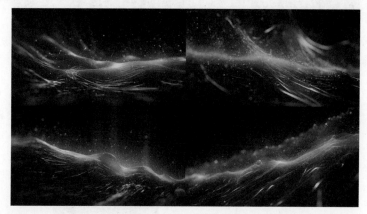

从生成的背景图中挑选出效果较好的图，在深色背景图的基础上添加白色的标题文案，一个具有强烈对比效果的渐变粒子背景图就设计完成了，效果如下图所示。

接下来我们再以一个带有光效扩散效果的背景图为例，探索更多不同效果的抽象粒子风格的背景图设计。首先按照"主体描述+风格设定+图像参数"的描述词结构，梳理需要用到的文本描述如下。

主体描述部分，采用蓝色线条，线条交错效果、发光的圆点、黑色背景等描述；

风格设定部分，采用数字化风格、抽象、科技风格等描述；

图像参数部分，采用16:9的横版比例。

整理得到的文本描述为：

Abstract graphic of blue line waves on black background, intertwined network, confetti like dots, structural geometry, digitalization, network core, precise lines, tech style --ar 16:9

将文本描述复制到Midjourney中进行出图，生成的抽象粒子背景效果如下图所示。蓝紫色的线条组成的波浪效果，以及亮白色的光点，为整个设计增添了动感和活力，使得背景图不再单调。同时，背景图中的深色背景为整体氛围定下了基调，传达出一种稳重、专业的氛围，符合B端产品的调性。

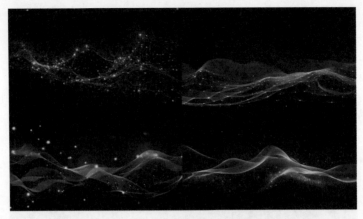

按照同样的方法，从生成的图中挑选出合适的背景图，再添加浅色的标题文案和说明信息，一个深浅对比强烈的渐变粒子背景图就设计好了，效果如下图所示。

总的来说，这种抽象粒子效果的背景图能传达出独特的视觉效果和科技感，非常适合用于B端数据可视化产品和云计算产品中。

对于数据可视化产品，用户需要长时间地关注数据和图表。这种背景图可以作为主界面或仪表盘的背景，为用户提供一种沉浸式的体验，同时减轻长时间观看数据带来的视觉疲劳。同时，抽象粒子效果能够传达出数据的流动性和动态性，与数据分析的实时性和动态性相契合。

对于云计算产品来说，云计算服务通常需要处理大量的数据和资源，为用户提供高效、稳定的服务，抽象粒子效果能够传达出云计算的虚拟化、动态分配等特性，与云计算平台的功能和优势相契合。这种背景图可以作为云计算平台的登录页面或主界面的背景，突出其科技感和未来主义风格。

5.5 B端KV海报设计

5.5.1 KV海报构成分析

B端KV海报设计，作为产品或平台的核心主视觉，通常包含以下几个关键的组成部分，以确保设计既吸引目标受众，又能准确传达产品形象。

产品标识（Logo）：这是最直接的产品识别元素，通常置于海报中比较明显的位置，确保产品的认知度。

视觉主体：这是KV设计的主体，通过图形、图像、抽象形状或摄影等视觉手法，传达特定的主题或概念。在B端设计中，主体元素通常与产品特性、业务优势或行业属性紧密相关。

标语或口号：简短有力的文案，能够迅速传达产品或服务的核心价值，加深记忆点。

背景：烘托主题、营造氛围、引导视线的必备元素。通过背景的色彩、明暗、纹理等与前景的主体元素形成对比，使主体更加鲜明突出，确保视觉焦点集中于主要信息或图像上。同时，背景的色彩、图案等效果能营造特定的情绪和氛围，反映品牌调性或传达特定信息，如科技感、专业性、温馨或正式等。通过背景的远近、模糊或清晰，以及透视效果，可以表现画面的空间深度，增加海报的丰富性和立体感。

除了这些必备的组成元素，在设计时还需要考虑KV海报的色彩、信息层级、布局排版等。例如：在色彩选择上，B端产品的设计倾向于使用代表专业、信任的颜色，如蓝色、灰色或品牌特定色彩；在信息层级上，通过大小、颜色、字体等视觉层次的安排，明确区分主要信息和次要信息，确保关键信息一目了然；在布局中，通过合理的布局保证视觉元素间的平衡与和谐，引导用户的视线，有效传递信息。另外，在设计时还可以增加适当的留白，让设计看起来更加清爽，也有助于突出重点，减少视觉噪音。

总的来说，B端KV海报设计的目的是在传达产品亮点的同时，激发目标企业客户的兴趣，促进商业合作。因此，设计时需深入理解目标受众和业务场景，以确保设计既专业又具有吸引力。

5.5.2　KV海报设计

根据对KV海报构成分析能看到，海报中的Logo和标语通常是固定的，这两部分内容不需要借助Midjourney就可以得到。而海报中的视觉主体和背景这两部分可以为Midjourney提供更大的操作空间，进行辅助出图设计，因此这两部分内容是需要特别关注的地方。

结合前几节中讲到的内容，针对B端KV海报设计，可以把海报中的视觉主体看作是一个图标，把背景看作是一整张背景图。通过这样的联系，KV海报的设计就能与前几节中讲到的B端图标设计、B端背景图设计等知识点串联起来，海报的合成设计就变得相对简单起来。

接下来我们以B端设计中最常见的科技风格海报设计为例，重点突出产品的数据科技属性。首先进行海报背景图的文本描述，按照"主体描述+风格设定+图像参数"的描述词结构，梳理需要用到的文本描述如下。

主体描述部分，采用大数据、蓝色背景图等描述；

风格设定部分，采用高科技感的描述；

图像参数部分，采用3D渲染、16:9的横版比例。

整理得到的文本描述为：

Big data, blue background image, high-tech feel, 3D rendering --ar 16:9

将文本描述复制到Midjourney中进行出图，生成的数据科技背景图效果如下图所示。生成的背景图以蓝色调为主，蓝色通常与科技、稳定感相关联，这种色调不仅营造了专业氛围，还增加了产品的可信度。背景图中都展示了不同样式的数据可视化效果，如条形图、线形图表等，这些元素直观地传达了产品与数据分析、数据可视化或大数据处理有关的信息。发光的线条效果增强了背景的技术感和未来感，符合B端产品对现代化和技术创新的追求。

考虑到本次生成的背景图比较复杂，能够较好地体现出数据科技的主题，因此这里直接利用生成的背景图进行B端海报的合成。海报中的其他元素尽可能保持简洁，与背景图形成对比关系。从生成的图中筛选出风格统一的背景图，将其导入设计软件中，将产品Logo、标语等必备的元素添加到背景图上进行设计排版。整个海报采用左文右图的布局，由于背景图的颜色较深，标语部分可以采用亮度和饱和度较高的颜色来突出展示。最后在保持主题统一的情况下，为不同的背景图搭配不同的标语文案，共同组成一套科技风格的B端KV海报设计，效果如下图所示。

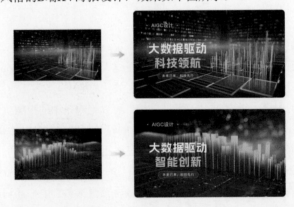

科技风格的KV海报适用于与人工智能、大数据分析、云计算等相关的B端产品，作为产品界面、演示文稿或宣传材料的设计图，以增强产品的专业氛围和吸引力。

第二个设计案例仍然以科技风格为主题，但整体效果要求特征化更明显，能凸显出产品在技术探索中不断深入未知、解锁新知的能力与勇气。接下来按照出图顺序，逐步生成海报中需要用到的背景图和视觉主体等元素。

第一步，生成背景图。

考虑到本次的案例属于科技风格，因此背景的文本描述可以复用上个KV海报设计案例中的背景图描述。在上个案例背景描述的基础上，增加螺旋（spiral）、代码（code）、黑洞（black hole）等文本描述，让生成的背景图风格化更突出。

整理得到的文本描述为：

Big data, blue background image, high-tech feel, 3D rendering, spiral, code, black hole --ar 16:9

将文本描述复制到Midjourney中进行出图，生成的科技风格背景图效果如下图所示。

从生成的图中选择出符合要求的背景图，进行下一步的扩展操作。考虑到很多KV海报会用在PC端或者大屏设备中，因此我们可以将背景图的宽度继续扩展变宽，这样既能为后期的设计排版留下更多的操作空间，也能让设计出来的KV海报适用于更多的设备和场景。

将背景图进行扩展的方法有很多种，其中比较常用是使用Midjourney中的zoom out功能，将背景图进行无限扩展，同时保持跟原始图像的细节相同。在进行背景图扩展的过程中，可以多次刷新，找到最合适的扩展效果，最终背景图扩展的效果如下图所示，背景图的宽度变宽，但整体的风格和效果仍然与之前的背景图一致，扩展的地方过渡得很自然，没有产生很突兀的衔接效果，扩展后的背景图符合预期。

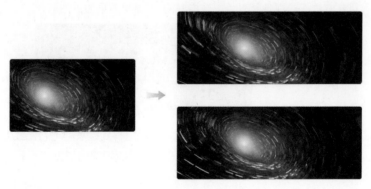

第二步，生成视觉主体。

背景图生成并且处理完成后，接下来继续生成海报中的视觉主体元素。考虑到生成的背景图与太空有关联，主体元素也可以选择与太空、科技相关的元素，例如火箭、飞船和地球等，这样主体元素和背景图组合在一起效果会更好。接下来按照"主体描述+风格设定+图像参数"的描述词结构，逐步整理出来需要用到的文本描述。整理得到的文本描述表格如下所示。

主体描述		风格设定		图像参数	
主体	3D火箭图标	风格描述	3D立体风格、极简风格	图片质量	丰富的细节、超高清、16K
颜色	蓝色渐变、亮色	画面视角	等距视图	渲染参数	工作室照明、OC渲染
质感	磨砂玻璃、透明质感	背景描述	蓝白背景	模型	--v 6

根据整理得到的完整文本描述如下：

3D rocket icon, Blue gradient, Frosted glass, Transparent sense of science and technology, lsometric view, Ultra-minimalist appearance, bright color, blue and white background, Industrial design, a wealth of details, studio lighting, Ray tracing, blender, c4d, Oc renderer, Ultra high definition, High quality, 16K --v 6.0

使用/imagine指令，将文本描述复制到Midjourney中进行出图操作，生成的火箭元素效果如下图所示。

从生成的图中选择出风格、形状等方面效果较好的火箭素材图进行下一步的海报合成设计。首先需要考虑火箭在背景图中的位置，由于生成的背景图用到了螺旋、黑洞等文本描述，因此背景图中螺旋的中心位置适合放置火箭，营造出一种背景元素围绕着火箭旋转的动态效果。为了能让火箭与背景图更好地融合，可以在火箭周围添加光环特效，同时调整火箭图标的亮度和饱和度，让视觉主体的效果更突出。

背景图和视觉主体合成好之后，接下来将标语文案放在海报的左侧进行排版，与视觉主体形成左文右图的布局。考虑到海报中的主体和背景相对比较复杂，标语在设计上可以选择使用相对简洁的字体样式，通过错落有致的排版将标语内容清晰地表达出来。最后再整体调整画面的颜色、饱和度和细节，确保合成的海报具有较强的视觉吸引力，合成好的KV海报效果如下图所示。

学会了上述提到的AI出图和设计合成方法，我们可以快速得到一系列主题一致但背景各不相同的KV海报设计图。如下图所示，在保持火箭主体元素和页面排版不变的情况下，通过替换不同的背景图得到了另一种效果的海报。

尤其是在一些时间紧张且设计需求特别多的情况下，通过这样的合成方法可以大大提高工作效率。还可以通过Midjourney继续生成不同的视觉主体元素，然后将生成的元素运用在不同的背景图中，再搭配上相对应的标语，这样就能在短时间内快速产出一系列风格相似的KV海报图设计。

第6章 AIGC设计实践——辅助工具

6.1 设计灵感工具

6.1.1 设计素材网站：花瓣网、Dribbble

1. 花瓣网

花瓣网是一个专注于图片发现和收集的网站，用户可以使用花瓣网提供的采集工具从网络中采集和存储感兴趣的图片，并将这些图片分类整理到自己创建的画板中。对于设计师、艺术家、摄影师以及对视觉艺术感兴趣的人来说，花瓣网是一个优质的素材库。用户可以通过浏览他人创建的画板来发现新的创意和趋势，是寻找灵感的理想场所。

花瓣网的界面简洁清新，采用"瀑布流"的布局形式，用户只需要不停地向下滑动界面，就能无穷无尽地看到新的内容，操作起来比较简便，对于不熟悉网站的用户来说也能轻松上手。花瓣网汇聚了海量的图片资源，如下图所示，在花瓣网的界面顶部有非常丰富的分类筛选项，例如UI/UX、平面、插画/漫画、摄影、游戏、动漫、工业设计、建筑设计等，涵盖了多种主题和领域，能够满足不同行业用户的需求。

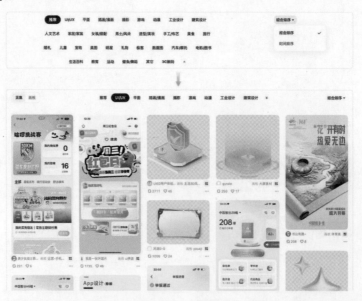

除了丰富的分类筛选项外，花瓣网具有强大的搜索能力，能够根据输入得到符合要求的图片素材。如下图所示，在搜索框中输入"3D礼物图标"，能够快速搜索得到多种立体风格的礼物图标。

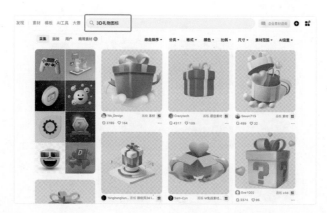

光标悬浮到缩略图上时，会出现一个"搜相似"的图标，单击图标后能够搜索到与原图在主题、风格、构图、元素等方面相似的图片。"搜相似"功能可以与Midjourney中的图生图方法搭配使用，通过使用/blend指令，将多张相似的参考图上传到Midjourney中，能够快速融合得到与参考图风格相似的新图像。

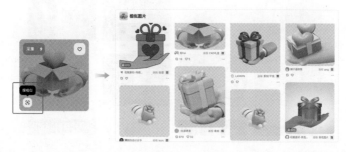

单击缩略小图进入到图片详情页，在这里能够看到清晰的大图，右击图片还支持存储、复制等操作，如下图所示。

对于找好的参考图素材，在Midjourney中还有其他运用方法。首先，可以通过垫图的方式将找好的参考图片上传到Midjourney中，生成和参考图风格类似的图像。其次，还可以通过图生文的方法，使用/describe指令来获取参考图的文字描述，学习借鉴参考图的风格特点，并将其应用到自己的AI出图中。

2. Dribbble

Dribbble是一个让设计师展示和交流作品的平台，专注于推广平面设计、网页设计、插画、摄影等创意领域，是一个充满活力和创造力的设计社交平台。用户可以在Dribbble上分享自己的设计作品，包括图标、界面设计、插画等，并与其他设计师互动，如点赞、评论和关注。此外，Dribbble还提供了搜索、分类浏览等功能，方便用户发现和欣赏优秀的设计作品。

　　和花瓣网类似，在Dribbble界面的顶部同样有丰富的分类筛选项，例如动画片、品牌、插图、移动的、打印、产品设计、排版、网页设计，还可以根据作品的受欢迎程度进行进一步的筛选。

　　单击"筛选器"按钮，会出现标签、颜色、大体时间三个筛选条件，其中颜色筛选面板是多个不同颜色梯度的色块，效果如下图所示。

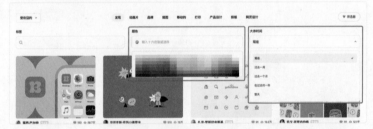

　　选择颜色筛选面板中的一个红色色块，就能够筛选得到和这个红色色块颜色相近的红色主题作品，筛选效果如下图所示。这种直观的颜色筛选方式特别适合用来寻找与主题色调相同的素材图，方便后期应用到Midjourney中。

6.1.2　AI绘画风格库：Kalos.art、Midlibrary

1. Kalos.art

Kalos.art是一个集艺术家风格、流派和媒介于一体的综合性艺术平台，为用户提供了丰富的艺术资源和独特的创作体验。Kalos.art拥有广泛的艺术家和艺术风格资源，用户可以在这里找到几乎所有他们想要探索的艺术风格和流派。整个平台不仅为艺术家提供了展示作品的舞台，也为广大艺术爱好者和创作者提供了灵感来源和创作工具。

单击Kalos.art中的艺术家选项，能够看到上万种艺术家风格的AI作品，这几乎涵盖了我们能了解到的所有艺术家风格和流派集合。除了国外、艺术家风格和流派外，吴冠中、齐白石等国内知名画家的作品风格都能在Kalos.art中看到，非常适合我们在出图时用来参考借鉴。

Kalos.art同样具备强大的搜索能力，能够精确搜索想了解的艺术家风格，例如在搜索框中输入"梵高（van Gogh）"，能得到所有关于梵高绘画风格的AI图像作品，效果如下图所示。结合具体场景和梵高绘画的风格特征，用户自己也能生成一组符合要求的绘画作品，这对于想要模仿或探索特定艺术家风格的用户来说非常有用。

除了艺术家分类外，Kalos.art还对艺术风格进行了详细的分类，例如卡通电影风格、折纸艺术风格、水彩画风格、黏土动画风格等，使用户能够更容易地找到自己感兴趣的风格，并学习相应的文本描述。

Kalos.art非常直观地展示了多种艺术风格，非常适用于风格化创作的场景中。例如，我们想设计一系列水彩画风格的插图，就可以在Kalos.art搜索与水彩画相关的词汇，进而找到对应的绘画风格，如下图所示。通过学习分析这些作品的风格及描述，我们能更好地借助AI生成水彩画风格的图像。

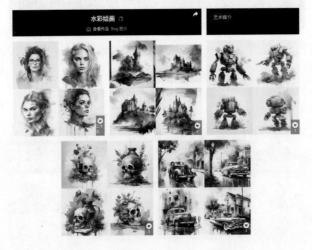

2. Midlibrary

Midlibrary是一款在线AI图库工具，为用户提供了一个便捷的平台来探索和参考不同风格的AI图像。Midlibrary收录了五千多种适用于Midjourney的流派、艺术运动、技巧、标题和艺术家风格库。这些资源覆盖了多个领域，包括建筑设计、时尚设计、电影制片、摄影、街头艺术等。

Midlibrary中多样化的风格库和提示词资源为用户提供了丰富的创作灵感，有助于提高创作效率。例如，想生成一座融入现代元素的哥特式风格建筑，就可以先在Midlibrary中搜索"哥特式风格建筑"，筛选得到的"哥特式建筑"图像效果如下图所示。

通过浏览和参考Midlibrary中的哥特式建筑风格库，能够清晰地对比多种模型版本的出图效果。图像下方还有对哥特式建筑风格特点的文本描述，例如城市、详细、黑暗等。根据这些参考图提供的灵感和风格，我们可以从中借鉴得到更符合要求的文本描述，为下一步的AI出图打好基础。

6.2　描述词辅助工具

6.2.1　描述词参考：Midjourney中文站、PromptHero

1. Midjourney中文站

Midjourney中文站的绘画广场是一个集合多个领域图像作品的网站，在这里能看到写实、头像、美女、动漫、3D、电商、国风、建筑、室内、logo、风景、IP形象、手绘等多种不同的分类。对于感兴趣的图像，支持一键复制文本描述，快速生成同款风格的作品。

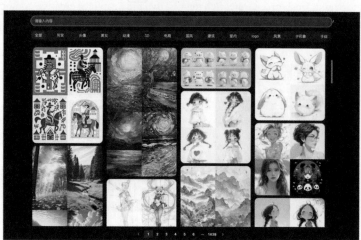

通过网站首页的分类，能快速找到想了解的领域。例如单击"电商"选项，就能看到与电商相关的图像，如电商摄影、产品包装等，效果如下图所示。

光标悬浮到对应的图像上时，会显示关于这个图像的文本描述，同时图片上会出现一个"复制"按钮，效果如下图所示。

单击图像进入详情页后，能看到这张图像的完整文本描述，包括中文和英文两种类型：

李子创意广告，鲜绿李子带水珠，螺旋切片变果子入包装，右下饮料瓶与盒，飞溅果汁，虚幻李子园，尼康d610，24-120镜头，8k画质，柔和体积光，清新绿色调，细节丰富，动态捕捉，创意构图（Li Zi Creative Advertising, fresh green li zi with water drops, spiral slicing changes into fruit packaging, right bottom beverage bottle and box, splashing juice, virtual Li Zi Garden, Nikon D610, 24-120 lens, 8K quality, soft volumetric light, fresh green tone, rich details, dynamic capture, creative composition）

单击"复制"按钮，就可以快速复制同款描述，操作起来非常简单，能够大大提升撰写文本描述的效率。

2. PromptHero

PromptHero是一个专门为生成式AI提供搜索提示的工具网站，帮助用户更精确地找到所需的创作参考和提示词，从而轻松掌握生成式AI的技巧，发挥创造力。

PromptHero提供按图像类别搜索的功能，如肖像、二次元、时尚、建筑、摄影等，允许用户输入特定的提示词，通过其强大的搜索功能，快速找到与这些提示词相关的图像资源。

例如在搜索框中，输入与"未来城市"相关的文本描述，如"future city"，PromptHero会根据输入的文本描述，展示一系列与未来城市相关的AI艺术作品，如下图所示。我们可以通过查看不同的作品风格、主题和创作手法，来寻找灵感。另外，还可以使用筛选功能来切换选择最热、最新的作品，或者选择只查看由Midjourney模型生成的图像。

在浏览过程中，如果发现一些合适的作品，可以单击图像进入详情页，查看这张图像使用的文本描述、模型设置等详细信息，有助于快速了解如何创作类似的图像作品。同时，单击"复制"按钮可以复制文本描述，如下图所示。可以对描述进行二次调整，方便快速生成多种风格类似的图像效果。

6.2.2　描述词编辑：OPS、PromptFolder

1. OPS

OPS（OpenPromptStudio）是一个专为提高AIGC效率的描述词编辑工具，集成了自动翻译、可视化编辑和提示词管理等功能，同时允许用户对描述词进行分类、排序、隐藏和导出等操作。

OPS采用直观的可视化编辑界面，左侧为描述词输入区，右侧为描述词展示区，操作起来非常简单。首先在输入框中输入中文，输入框的下方会将中文提示词自动翻译成英文提示，同时右侧会将提示词自动梳理成单个提示词的中英文对照，翻译效果如下图所示。

此外，OPS也支持将英文提示词翻译成中文，这对于那些需要跨语言工作的用户特别有帮助，尤其是当使用的AI平台（如Midjourney）主要支持英文输入时。例如，当在Midjourney上看到好的描述词想参考学习时，可以将完整的英文提示词粘贴到输入框中，OPS会自动将复杂的英文描述词拆分成独立的中英文描述，便于精细化调整每一个描述，对学习提示词的书写很有帮助，如下图所示。

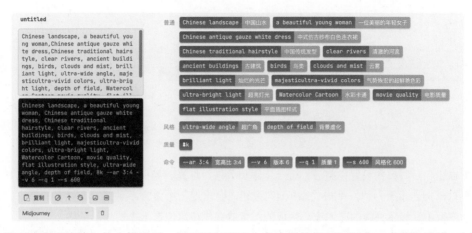

如果不确定应该输入什么描述词，还可以打开右上角内置的提示词词典，来获取灵感，如下图所示。词典包括质量、绘画、画面效果、容貌、构图、命令六大模块，单击即可快速插入常用的文本描述或短语，加速创作流程。

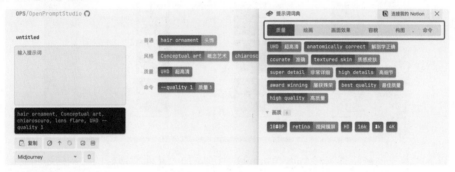

2. PromptFolder

PromptFolder是用于辅助用户创建和优化提示词的工具。它提供了丰富的选项，包括艺术风格、灯光、颜色、情绪等，可以根据需求进行选择和调整，同时允许用户以方便的方式调整每个提示词的权重，以便在生成图像时更好地控制结果的风格和细节。

PromptFolder使用起来相对简单，只需要按照顺序逐步完善文本描述和参数，即可得到合适的描述词。

以机器人主题的图像为例，先在输入框中输入文本描述"科幻城市中的机器人（A Robot in Science Fiction Cities）"。为了增加细节和个性化，再选择一些需要用的参数，例如长宽比3:2、模型版本v6，风格化参数100等，操作过程如下图所示。

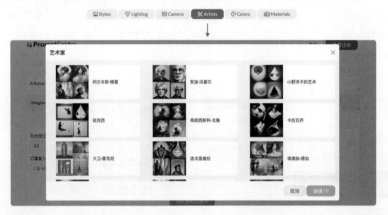

文本描述和后缀参数设置完整后，进一步添加风格、灯光、相机视角、艺术家、色彩、材质等特点。这里以添加艺术家为例，单击"Artists"按钮，会出现一个集合多种艺术家姓名的弹窗，如下图所示。从弹窗中选择感兴趣的艺术家，生成的图像就会模仿这位艺术家的作品风格。

这里以艺术家安迪·沃霍尔（Andy Warhol）为例，加上前面整理好的文本描述和后缀参数，就能得到一段完整的描述词：

A Robot in Science Fiction Cities, Andy Warhol --ar 3:2 --version 6 --quality 1 --stylize 100（科幻城市中的机器人，安迪·沃霍尔，图像比例3:2，模型版本v6，图像质量1，风格参数100）

将整理好的描述输入到Midjourney中，就能生成一组安迪·沃霍尔绘画风格的机器人图像，如下图所示。

6.3 图片处理工具

6.3.1 AI抠图：Pixian.AI

Pixian.AI是一款基于人工智能的在线图片处理工具，专注于提供高效的图片背景去除功能。目前，Pixian.AI支持JPEG、PNG、BMP和GIF等多种格式的图片作为输入，并生成PNG格式的输出，以保留透明背景。同时，支持批量图片处理功能，允许一次性上传多张图片进行背景去除，节省了处理大量图片的时间和精力。

在使用Pixian.AI时无需注册，操作非常简便，首先将一张带有背景的图上传到Pixian.AI中，上传图片的方式共有三种：

（1）将图片直接拖入网页中；

（2）单击"上传图片"按钮上传本地文件；

（3）快捷键先复制图片再粘贴到网页中。

图片上传后就会自动进行抠图处理，稍等几秒钟，就能得到一个透明背景的图像。单击处理后的图片，图片会自动下载并保存到本地。单击"复制"按钮，就可以快速复制这张图片。如果抠图效果不满意，可以单击"×"图标来清除图片。

在图片下方，还可以对图片的输出效果进一步的设置，可以设置的内容如下：

导出背景：透明背景、白色背景、自己填充背景色；

文件格式、图片质量：只有当图片的导出背景不选择"透明背景"时，才能设置图片的格式和质量，置灰状态下默认导出PNG格式的图片；

裁剪边缘：根据需要裁剪图片的透明区域；

结果大小：设置图片导出的宽高尺寸；

垂直对齐：只有先设置图片导出的尺寸后，才能设置图片在画面中的位置，有垂直居中对齐和底部对齐两种方式；

文件名后缀：不添加后缀、添加_pixian_ai作为后缀。

原图和去除背景后的对比效果如下图所示。从图中能够看到，图片的背景去除得特别干净，而且在去除背景的同时，还能够保留主体元素的细节和清晰度，确保处理后的图片质量与原图保持一致。通过这样的方法，我们能够在短时间内对生成的图像进行抠图处理，方便后期进行设计应用。

原图   去除背景

6.3.2　AI高清：Bigjpg、Upscayl

1. Bigjpg

Bigjpg是一款专门用于图片无损放大的在线工具。在放大过程中，Bigjpg会智能分析并减少图像中的噪点和锯齿，使放大后的图像看起来更加平滑和自然。Bigjpg支持JPEG、PNG等常见的图片格式，可以处理照片、插画、动漫等各种类型的图像。

Bigjpg使用方法简单，用户无需注册或登录即可使用，只需上传图片，选择放大倍数和降噪程度，即可开始处理图片。

首先，单击页面上的"选择图片"按钮，上传想要放大的图片。这里需要注意，Bigjpg对上传的图片有大小和尺寸的限制，目前免费版支持的图片大小为5 MB，且尺寸不超过3000×3000 px。

上传图片后，会看到一个预览窗口，展示即将放大的图片。单击预览窗口右侧的"开始"按钮，会出现一个放大配置的弹窗。在弹窗中，可以设置图片类型（真实照片、卡通或插画）、放大倍数（免费用户可选2倍、4倍，付费用户则有更多选项）及降噪程度（无、低、中、高、最高）。这些选项将会影响最终图片的质量和清晰度。单击"确定"按钮后，Bigjpg将开始处理图片，整个过程需要几分钟时间，具体时长取决于图片的复杂度和所选的放大倍数。

处理完成后，单击"下载"按钮就可以将放大后的图片保存到本地。

原图和放大后的图像对比效果如下图所示，放大后的图像清晰度更高、细节更丰富。

原图　　　　　　　　　　　　　　　　高清放大

2. Upscayl

 Upscayl

Upscayl是一款免费且开源的AI图片无损放大工具，利用先进的人工智能技术来提升图像的分辨率，同时保持图像质量，减少传统放大方法常见的像素化和模糊问题。Upscayl可在Windows、macOS、Linux等多个桌面操作系统上运行，满足不同用户的需求。

Upscayl的界面布局非常清晰，左侧为操作区，右侧为图像预览区。操作区按照step1选择图片、step2选择模型、step3选择图片保存位置、step4处理图片的步骤一步步引导用户使用。首先，单击选择想要优化的图片，Upscayl支持批量处理，允许同时处理一组内的多张图片。

下拉选择图片优化模型，一共有五种优化模型，分别是提高图片清晰度、增强图片效果、提高图片色彩饱和度、提高图片清晰度和锐化边缘、提高颜色和纹理细节。选择模型的选框下面有一个double upscayl选项，代表双倍放大的意思，勾选后图片的分辨率会翻倍增大。

　　最后选择处理后图片保存的位
置，就可以处理图片了。图片处理
完后，在右侧的图像预览区可以通
过滑块左右滑动查看图像处理前后
的对比效果，使用起来非常直观。

　　通过放大前后的对比图也能看到，处理之后的图片变得非常高清，图片中的细节能够清晰地展示
出来，整张图看起来也更精致。

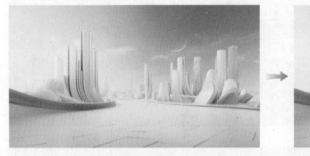

原图　　　　　　　　　　　　　　　　　　　　　　　　　　高清放大

6.3.3　图片转矢量：Vector Magic

　　Vector Magic是一款专业的图像转换工具，主要用于将位图（如JPEG、PNG、GIF等）转换为高
质量的矢量图形（如SVG、EPS、PDF等）。Vector Magic利用先进的图像分析算法，能够自动识别并
精确提取图像的边缘和颜色区域，并将其转化为清晰、可缩放的矢量图像。无论是专业的设计师还是
业余爱好者，Vector Magic都能提供满足需求的功能，大大提升图像处理和设计工作的效率。

Vector Magic界面简洁、操作简单，首先把需要转换的图片拖到界面中，单击"全自动"按钮就开始启动转换。

转换完成后，右侧的操作面板中有一个"完成审查"的提示，在确认转换后的图像没问题的情况下，单击右下方的"前进"按钮，选择合适的格式（如SVG）进行保存。

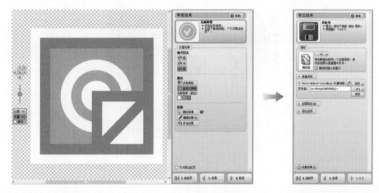

从转换后的矢量图能看到，转换过程中尽可能保留了原图的细节，确保输出的矢量图清晰、精确。最后，把矢量图导入设计软件中，取消组合后就能得到一个可以编辑和无限放大的矢量图。通过调整矢量图的颜色、平滑度等，以及添加或删除路径，可以快速调整图像的细节，方便后期运用到设计中。

6.3.4　图像擦除：Photoroom

Photoroom是一款专业的图片编辑工具，可以通过"涂抹"的方法来擦除图像中不想要的元素。在擦除图像的过程中，图像中的其他元素会保持不变。

例如，可以借助Photoroom将图像中的人物进行去除。首先打开Photoroom，单击"选择图片"按钮上传需要编辑的图片。上传完成后，界面中会出现一个控制刷子大小的滑块，可以根据需要去除元素的面积来调整刷子大小。

刷子大小调整完成后，对图像中的人物进行涂抹，经过涂抹的人物区域会变成紫色的效果，如下图所示。

涂抹完成后，可以预览擦除后的图片，确认擦除效果满意后，可以下载擦除后的图片。

原图

6.4 设计排版工具：Figma、Photoshop

1. Figma

Figma作为一款基于云端的跨平台界面设计工具，以其强大的设计功能、云端协作能力和AI技术的引入，成为了UI/UX设计师和团队的首选工具之一。Figma不仅能够提高设计效率和质量，还能够促进团队协作和沟通，推动产品设计的发展和创新。

Figma作为一款功能强大的云端协作图形编辑软件，提供了一系列的工具和功能，以支持高效的界面设计、协作和管理。

基础设计功能：提供形状、文本、颜色、字体、图层等基础设计工具；支持预设的图标、颜色、按钮等，方便UI/UX界面设计。

云端协作：允许多个设计师在不同设备上实时协作，查看并修改设计；支持共享与反馈，方便与设计团队、开发人员或客户进行交流。

自动保存与版本管理：自动保存在云端，支持多个版本的管理；可以方便地查看历史记录并进行恢复等操作。

变量和组件库：允许创建变量和组件库，让设计更加规范和高效；设计师可以基于已有的样式和组件建立共享组件库，方便团队成员使用。

插件和扩展：支持使用插件和扩展，扩展默认设置并处理过程中的常见需求；插件的使用直接在线安装，覆盖日常使用场景。

导出功能：提供多种导出格式，如PNG、JPG、SVG等，并支持批量导出；方便用户根据自己的需要导出设计资源。

AI功能（Figma AI）：提供视觉搜索、AI增强型内容搜索、AI文本工具等功能，简化设计任务并提高效率。

2. Photoshop

Photoshop是一款功能强大的图像处理和设计软件，为专业设计师、摄影师和艺术家等广大用户群体提供了丰富而高效的工具支撑，被广泛应用于各个行业和领域。

本书中大部分运营活动图的设计、排版、合成都是通过 Photoshop 来辅助完成的，在保证设计效果的同时大大提升了设计效率。

Photoshop 自 1990 年发布以来，经历了多个版本的更新和升级，以满足用户不断变化的需求和挑战。例如，从最初的 1.0 版本到本书编写时的 25.12 版本，Photoshop 在功能、性能、用户界面等方面都进行了大量的改进和优化，主要有以下功能。

图像编辑：裁剪、缩放、旋转、翻转、色彩平衡、对比度、饱和度、滤镜功能等。

图形设计：提供了各种绘图工具，如画笔、铅笔、橡皮擦等，广泛用于海报设计、包装设计、广告设计等领域。

数字绘画：拥有多种笔刷类型和笔刷引擎。

照片修饰：后期处理，包括色彩校正、构图调整、光影处理等。

文本处理：添加、编辑和格式化文本，支持多种字体、字号和颜色设置。

AI 驱动：智能填充、智能编辑。

这里结合案例重点介绍一下 Photoshop 中的 AI 智能填充功能，搭配 Midjourney 一起使用能达到事半功倍的效果。

Midjourney 生成的图默认是方形，主体位于画面的中央。如果我们想把主体的位置移到画面左侧或右侧，需要花费一定的精力才能完成，而通过 Photoshop 的 AI 智能填充功能可以快速达到想要的效果。

下图是在 Midjourney 中生成的例图，人物在画面的正中间，文本描述为：通往另一个维度的入口，金发女生装扮成太空女孩，赛博朋克风格，超现实主义，4k，自然光（A portal to another dimension, with a blonde woman dressed as space girl, cyber punk style, hyperrealism, 4k, natural light）。

提示示例

| A portal to another dimension, with a blonde woman dressed as space girl, cyber punk style, hyperrealism, 4k, natural light | 通往另一个维度的入口，金发女生装扮成太空女孩，赛博朋克风格，超现实主义，4k，自然光 |

如果想在不抠像、不变形拉伸的情况下，把图片变成横版尺寸，并把人物移到画面右边，需要在 Photoshop 中怎么操作呢？

先把例图拖到 Photoshop 中，用快捷键 [C] 裁剪工具在画布左边拉一个空白；再用快捷键 [M] 选框工具，框选刚才拉出的空白画布，下方会出现一个工具栏；单击工具栏的第一个"创成式填充"按钮，进入 AI 创意填充功能。

Photoshop的智能填充不需要复杂的指令，直接单击"生成"按钮，AI会根据画面周围的内容智能填充左侧的选区。

使用同样的方法在例图右侧拉出一个空白画布，填充效果如下图所示。右侧填充部分和原图完美地融合在一起。右侧的属性栏会记录每次填充的图像，每次生成3张图，依次类推，生成的所有图都会保留下来，方便随时选择。

使用Midjourney生成的图片整体效果很好，但有些图会存在细节处理不到位的情况。搭配Photoshop的AI功能，可以把生成的图像进行微调，极大提升了作品精细程度。

结　语

　　在《AIGC互联网产品设计实践》的旅程即将画上圆满句号之际，我们不禁对未来充满了无限的憧憬与期待。本书不仅是一次对AIGC在互联网产品设计领域深度应用的探索，更是一次启迪智慧、激发创新的知识传递。

　　随着科技的飞速发展，AIGC正以前所未有的速度重塑着内容创作的边界，它不仅仅是技术的进步，更是设计思维与创作模式的革新。从初识AIGC到Midjourney出图要素解析，再到UI设计、运营设计及B端设计多种实践场景的深入实践，我们见证了AIGC如何为产品设计带来前所未有的效率与创意。

　　展望未来，AIGC将以更加成熟和智能的姿态深度融合于互联网产品设计的每一个环节，成为推动行业进步的重要力量。我们可以预见到，在不远的将来，AIGC将成为设计师不可或缺的伙伴，它不仅能大幅提升设计效率，还能激发更多前所未有的创意火花。随着算法的不断优化和算力的飞跃增长，AIGC将能够更加精准地理解人类情感，创造出既有技术美感又富含人文关怀的作品。

　　《AIGC互联网产品设计实践》虽已结束，但探索与创新的脚步永不停歇。最后，愿本书能成为你未来设计之路的灯塔，照亮前行的每一步。让我们共同探索AIGC与设计融合的广阔天地，共同期待AIGC引领的下一个设计时代，那将是一个充满无限可能的崭新时代。

作者